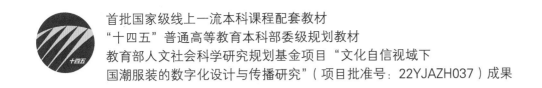

首批国家级线上一流本科课程配套教材

"十四五"普通高等教育本科部委级规划教材

教育部人文社会科学研究规划基金项目"文化自信视域下
国潮服装的数字化设计与传播研究"（项目批准号：22YJAZH037）成果

服装数字科技

姜延　马凯　**编著**

U0241411

中国纺织出版社有限公司

内 容 提 要

信息技术的飞速发展使传统的纺织服装行业面临新的机遇和挑战，在这样的大背景下编写了《服装数字科技》教材，配合国家级线上一流课程"服装数字科技"开展教学活动。教材在教学内容的设置上充分体现了服装与数字技术的巧妙结合，内容涵盖服装数字化技术概述、服装设计中的数字化、虚拟服装展示技术、智能服装、服装大数据应用、服饰文化的数字化传播、二维服装样板设计应用案例、三维服装模拟应用案例等方面的研究内容。考虑到课程需要理论联系实际的需求，特别分成了"理论部分"和"实训部分"开展教学，确保学习者一方面掌握服装数字科技领域的基础理论，另一方面通过训练能熟悉相关软件的实际操作。

教材既可以作为高等院校纺织服装相关专业的专业基础课教材，也适合广大对服装数字技术感兴趣的社会学习者，配合教材所附二维码丰富的视频学习资源，相信每一位学习者都会有所收获。

图书在版编目（CIP）数据

服装数字科技/姜延，马凯编著. --北京：中国纺织出版社有限公司，2023.5

"十四五"普通高等教育本科部委级规划教材

ISBN 978-7-5229-0294-4

Ⅰ.①服… Ⅱ.①姜… ②马… Ⅲ.①服装设计－计算机辅助设计－高等学校－教材 Ⅳ.①TS941.26

中国国家版本馆CIP数据核字（2023）第018210号

责任编辑：张晓芳 金 昊 特约编辑：温 民
责任校对：江思飞 责任印制：王艳丽

中国纺织出版社有限公司出版发行
地址：北京市朝阳区百子湾东里 A407 号楼 邮政编码：100124
销售电话：010—67004422 传真：010—87155801
http://www.c-textilep.com
中国纺织出版社天猫旗舰店
官方微博 http://weibo.com/2119887771
北京通天印刷有限责任公司印刷 各地新华书店经销
2023 年 5 月第 1 版第 1 次印刷
开本：889×1194 1/16 印张：15
字数：338 千字 定价：79.00 元

凡购本书，如有缺页、倒页、脱页，由本社图书营销中心调换

前 言

信息技术的飞速发展与普及，使传统的纺织服装行业面临新的挑战和机遇。服装CAD、虚拟试衣、智能可穿戴技术、大数据应用等在服装设计、生产、管理、销售等各个层面被广泛应用。各种智能服装、数字化服装营销策略的成功均证明了数字技术与服装产业已相互融合、相互促进，正在成为一种时代发展的必然趋势。

正是在这样的背景下，我们编写了《服装数字科技》教材，配合国家级线上一流课程"服装数字科技"开展教学活动。本教材既可以作为高等院校纺织服装相关专业的专业基础课教材，也适合广大对服装数字技术感兴趣的社会学习者使用，配合利用慕课平台上丰富的视频学习资源，相信每一位学习者都会有所收获。

本书的编者拥有多年一线教学经验，同时具备计算机应用及纺织工程学科的学习背景，因此教材内容的设计覆盖了服装数字科技的多方面内容。教材分为"理论部分"和"实训部分"两大部分。其中，理论部分共6章，具体包括：服装数字化技术概述、服装设计中的数字化、虚拟服装展示技术、智能服装、服装大数据应用、服饰文化的数字化传播；实训部分共2章，具体包括：二维服装样板设计应用案例、三维服装模拟应用案例，共6个实训案例。

本教材的特点如下：

- 配套国家级线上一流课程教学资源

- 内容新颖，覆盖面广，国内尚无相同主题教材公开出版

- 图片丰富，通俗易懂，适合各类学习者

本书由姜延、马凯编著，其中姜延编写了第1章、第3章（3.1、3.2）、第4章、第5章及第6章，马凯编写了第2章、第3章（3.3、3.4）、第7章及第8章。胡晨娜负责书稿中图片的搜集、整理工作，研究生张静负责书稿编校工作。在书稿编著过程中，北京服装学院史英杰老师、郑州师范学

院彭筱星老师、深圳市计量质量检测研究院张海煊所长为书稿提供了原创文章，朗姿股份有限公司、上海百琪迈科技集团有限公司、广东志华软件科技有限公司分别针对其企业的数字化应用做了相关说明。以上宝贵资源进一步丰富了本教材的内容，在此一并表示感谢！

本书受北京服装学院教材立项资助（JC-2102），特别感谢北京服装学院教务处、服装艺术与工程学院、材料设计与工程学院对教材建设及出版工作所提供的支持；感谢中国纺织出版社张晓芳、金昊编辑的辛苦付出，使《服装数字科技》这一国家级一流本科课程配套教材得以与广大读者见面。

服装数字技术的发展日新月异，相应软件产品及网站更新较快，如果出现与书内描述略有偏差的情况，请广大读者予以谅解。书中不当之处，敬请广大读者指正，联系邮箱：jsjjy@bift.edu.cn。

编著者

2022 年 10 月

教学内容及课时安排

章名	学时	课程内容	备注
第1章　服装数字化技术概述	2	1.1　服装数字化技术	
		1.2　人体数字化技术	
		1.3　服装行业数字化应用案例分析	
第2章　服装设计中的数字化	4	2.1　服装CAD概述	
		2.2　数字化服装款式设计	
		2.3　数字化服装样板设计	
第3章　虚拟服装展示技术	4	3.1　虚拟服装创意万千	
		3.2　虚拟服装实现原理	
		3.3　三维服装模拟技术	
		3.4　虚拟服装面料设计与模拟	
第4章　智能服装	4	4.1　智能服装概述	
		4.2　功能性纺织品	
		4.3　电子纺织品	
第5章　服装大数据应用	2	5.1　大数据概述	
		5.2　基于大数据的快时尚品牌数字营销策略	
		5.3　基于大数据的数字化服装定制	
		5.4　大数据带给服装行业的启示	
第6章　服饰文化的数字化传播	2	6.1　服饰文化数字化传播概述	
		6.2　旗袍三维交互学习系统	
		6.3　体感3D服饰文化展示系统	
		6.4　藏族服饰数字化展示系统	
第7章　二维服装样板设计应用案例	2	7.1　案例1：原型女裙样板设计	
		7.2　案例2：女衬衫样板设计	选讲
第8章　三维服装模拟应用案例	4	8.1　CLO3D案例1——连衣裙	
		8.2　CLO3D案例2——三开身女西服模拟	选讲
		8.3　Style3D案例1——卫衣的模拟	
		8.4　Style3D案例2——卫裤的模拟	选讲

注：以上课时是根据基本课时数24学时而设计的，请任课教师根据本校实际情况以及学生情况决定课时内容的长短。以上课程安排仅供参考。

目 录

实训部分 / 151

理论部分

第1章

服装数字化技术概述

当今世界已经进入了科学技术牵动经济迅猛发展的新时代，高新技术以势不可挡的发展态势促进社会经济实力的巨大提高。数字化时代的服装产业也受到这股浪潮的推动，我们耳濡目染的服装CAD、虚拟试衣、智能可穿戴技术、大数据应用等在服装设计、生产、管理、销售等层面上的各种智能化、数字化产品及营销策略均证明了数字化技术与服装产业相互融合、相互促进，正在成为一种时代发展的必然趋势。

本章将概述服装数字化技术、人体数字化技术并对服装行业数字化应用的成功案例做详细分析，便于学习者在课程学习的最初阶段就对服装数字化技术有一个感性的认识。

1.1 服装数字化技术

1.1.1 什么是服装数字化技术

随着社会经济的飞速发展和人民生活水平的稳步提高，人们对于美好生活的向往充分体现在对服装高品质、个性化、时尚性的追求上。服装行业开始向"多品种、小批量、短周期、快交货"的方向发展。伴随数字技术和网络技术的不断进步，传统的服装行业开始步入全新的数字化时代。

数字化服装技术是指在服装设计、生产、营销、管理等各个环节引入信息化技术，利用计算机的高速运算及存储能力以及人的综合分析能力对服装设计、生产、营销等环节涉及的人、财、物等进行资源优化配置的技术。它对于提高服装企业的产品开发能力、缩短设计制造周期、提高产品质量、降低运营成本、增强企业市场竞争能力与创新能力发挥着重要的作用。

数字化服装工业则是以信息技术和网络技术为基础，通过对服装设计、生产、营销等环节中各种信息进行收集、整理、共享和应用，最终实现服装企业资源的最优化配置。数字化技术的应用是服装业长远发展的必经之路，是为服装企业提供了新的生存环境和发展契机。

1.1.2 服装数字化技术的应用

1. 数字化技术在服装设计中的应用

服装行业中，较早实现了数字化的是服装计算机辅助设计GCAD（Garment Computer Aided Design），具体是指利用计算机及其图形设备帮助服装设计人员进行产品设计的软件系统。从20世纪60~70年代开始，国外的服装CAD公司陆续推出自己的设计系统，例如，美国的格柏（GERBER）、法国的力克（LECTRA）、西班牙的艾维斯（INVESTRONICA）、德国的艾斯特（ASSYST）等。进入21世纪，国内服装CAD发展迅速，相继出现了富怡、日升、ET、智尊宝纺等服装CAD系统。

早期的服装CAD系统中主要包括打板（样板设计）、推码和排料三个模块，采用交互方式，通过设计师的操作，画出二维纸样，进行推码和排料。有些服装CAD系统中还包含服装面料设计模块，利用数字化技术，对服装面料进行纱线、织物组织结构和图案花纹的虚拟设计。图1-1为富怡服装CAD系统的工作界面。

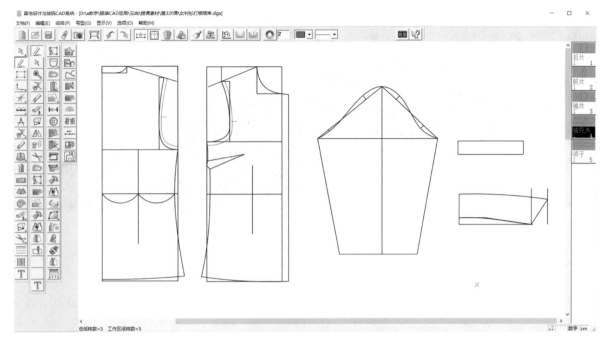

图1-1　富怡服装CAD系统的工作界面

近三十年来，服装CAD系统中的三维模拟与可视化研究成为该领域的研究热点。三维服装模拟是利用计算技术达到服装穿着效果虚拟展现的技术。三维服装模拟的实现主要包含以下几个步骤。

（1）根据人体测量数据建立三维人体模型。

（2）从二维衣片生成三维服装模型。

（3）在三维服装基础上进行纹理映射，生成褶皱、悬垂等细节，获得真实的穿着效果。

（4）为人体设置姿态、动作、展示背景等，实现在虚拟场景中的三维服装展示。

2. 数字化技术在服装生产中的应用

服装计算机辅助制造GCAM（Garment Computer Aided Manufacturing）主要包括大型服装绘图机、衣片自动裁剪机及样板自动裁割系统等。该系统通过从服装计算机辅助设计系统（GCAD）系统和计算机辅助工艺过程计划CAPP（Computer Aided Process Planning）系统接收衣片及工艺信息，利用计算机控制相关的加工设备，实现自动铺布、验布、裁剪等缝制准备工作，并将信息传输给柔性制造系统FMS（Flexible Manufacture System）。

柔性制造系统是一组数控机床和其他自动化的工艺设备，由计算机信息控制系统和物料自动储运系统有机结合的整体。柔性制造系统由加工、物流、信息流三个子系统组成，在加工自动化的基础上实现物料流和信息流的自动化。在FMS系统中，中央主控机以网络形式连接每一个工作站内的终端机，通过中央主控机及时了解当前的生产情况，这种实时管理减少了非缝纫时间和搬运时间，大大提高了生产效率。同时，FMS系统可以与其他系统的信息共享，提高生产系统的弹性，使服装企业能够根据客户的个性化要求，快速实现多款式产品的加工生产。图1-2所展示的是361°服装企业中的柔性制造系统。

图1-2　361°服装企业中的柔性制造系统

3. 数字化技术在服装营销中的应用

目前，以电子商务为基础的网上交易系统日渐成熟，服装企业也必须习惯于数字化经营模式。数字化营销势必降低企业运营成本，减少库存积压，加速资金周转，节约社会资源，从而提高服装企业的整体竞争力。

具体来说，服装企业可以利用信息和网络技术，对客户的数据进行收集和分析，向客户推荐个性化的产品和服务，达到吸引新客户、保留老客户、发展忠实客户的目的，扩大市场，最终建立自己的客户关系管理系统CRM（Customer Relationship Management）。

此外，服装企业还可以运用大数据、人工智能等现代技术手段，分析、预测消费者的消费习惯和消费趋势，引导企业生产，为客户提供更好的产品和服务，形成自己的智慧销售系统。

4. 数字化技术在服装企业管理中的应用

企业资源计划ERP（Enterprise Resource Planning）是指建立在信息技术基础上，集信息技术与先进管理思想于一体，以系统化的管理思想，为企业员工及决策层提供决策手段的管理平台。服装企业合理运用ERP软件，可以帮助企业内部业务操作合理化，同时运用功能丰富的协作技术帮助企业在跨合作企业群体和贸易伙伴之间提高管理水平，扩展企业竞争空间，提高综合实力。

产品数据管理系统PDM（Product Data Management）是以软件为基础的技术，它将所有与产品相关的信息和所有与产品相关的过程集成到一起，包括产品生命周期的各个方面，使最新的数据能为全部有关用户按要求方便地存取。

企业资源计划ERP系统和产品数据管理PDM系统是企业信息系统的核心组成部分，这两个系统的结合将成为服装企业管理信息系统的最佳方案，也是服装企业实现数字化的最佳方案。

1.1.3　服装数字化技术面临的问题

数字化技术在服装行业内的应用优化了企业的资源配置，提高了行业的整体运行效率，为服装业带来新的发展机遇，但它在推行过程中也面临一些现实的问题。

（1）数字化技术的应用需要相应的软硬件资源。因此，服装企业的数字化进程最先面临的就是资金的问题，对于有些中小企业来说，这样的投入目前还是不小的负担。

（2）数字化技术中最为关键的"数据"必须要实现互通兼容。这就要求服装企业、软件开发商、电子商务平台等多方的积极配合，这当中既要保护各方应有的利益和资源，也要做到最大范围的共享合作。

（3）数字化技术人才的培养和储备。数字化技术的推广最终还是要依靠人来实现，因此，高素质的人才培养必不可少，一方面加大高等学校纺织服装相关专业学习者数字化技术的培训，另一方面加强企业在职员工的继续教育，最终满足企业对自身数字化建设的需求。

1.2 人体数字化技术

1.2.1 数字化人体的构建

数字化的三维人体从何而来呢？一般来说，建立数字化人体的方法有四种：三维重建、软件构建、照片创建和参数化构建。

1. 三维重建

三维重建，即通过三维人体扫描技术，获得人体点云数据，依此重建为精细的人体模型。在服装数字化技术中，基于人体扫描技术的三维人体重建和虚拟试衣技术领域发展迅速。英美等发达国家在三维人体扫描技术领域研究起步比较早，在该领域处于领先水平，从20世纪80年代开始，我国的高校和研究机构开始进入这方面的研究。

但是，一般在进行人体三维扫描时，腋下、脚部等扫描不到的地方会存在缺陷和空洞，这就需要进行后期处理工作，包括点云降噪与平滑、点云数据精简和空洞修补，如图1-3所示为三维扫描人体处理前后对比。这些后期工作往往是通过逆向工程软件来完成的。

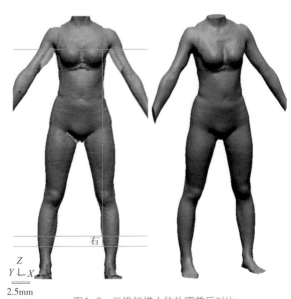

图1-3 三维扫描人体处理前后对比

逆向工程（Reverse Engineering），也称反求工程，简单地说，就是根据已存在的产品模型反推出产品设计数据的过程。广义上可分为影像逆向、软件逆向、实物逆向三类，近些年国内外关于逆向工程技术的研究主要集中在实物逆向。常用的逆向工程软件有Imageware、Geomagic Studio、Rapidform和CopyCAD等，如图1-4所示为其品牌图标。

图1-4　常用逆向工程软件品牌图标

Imageware软件由美国EDS公司出品，拥有强大的点云处理、曲面造型和误差测量功能。它的主要优势是可以构建高质量曲线和A级曲面，而且拥有多种曲线、曲面的评估方法，能够直观地显示所构造的曲面模型与实际测量数据之间的误差以及平面度、圆度等几何公差。该软件主要应用于汽车、航空、航天、模具、计算机零部件等产品的设计制造领域。

Geomagic Studio软件由美国Raindrop公司出品，作为一个应用最为广泛的自动化逆向工程软件，它的特点是创建完美的多边形，并将其转换为NURBS模型。它可自动提取特征线，智能化构建曲面，从开始点云处理到完成曲面建模这一过程要比一般软件节省1/3的时间。该软件为新兴行业的发展提供了选择，适用于即定即造的生产模式、零部件的模型改进等领域。

Rapid Form软件由韩国INUS公司出品，集正向工程技术、逆向工程技术于一体，逆向建模功能强大。它的主要功能是优化处理点云数据以及构建多边形曲面。它可以依据点云数据快速构建无接缝的多边形曲面，还可以手动合并点云。该软件提供了一套完整的模型分割、曲面重构以及测量评估的工具，适用于医疗图像的建模、艺术品的测量以及高级图形的生成。

CopyCAD软件由英国DELCAM公司出品，主要用于处理数据的曲面造型。该软件可快速编辑数字化点云数据，做出高质量的复杂曲面，可控制边界的选择，自动形成符合规定公差的平滑曲面，保证相邻界面相切的连续性。该软件适用于汽车、航天、模具、医疗和消费性电子产品等制造行业。

2. 软件构建

利用软件创建数字化人体，应用现有的三维建模软件如POSER、MAYA、3DS MAX、ZBrush等（图1-5），可以交互构建虚拟人体模型，但是这种方法需要具备较高的建模技术，制作时间较长，建模结果与实际人体有一定差距，一般很难用于服装数字化。

图1-5　常用三维建模软件品牌图标

3. 照片创建

照片创建三维人体的技术被称为拍照量体技术，即二维图像量体，是应用数码设备拍摄人体正、背、侧面的二维图像，将图像载入信息数据系统中，再利用一定算法进行图像处理，可以基于人体特征提取人体主要的尺寸信息。通过提取人体轮廓线、截面线、特征尺寸来快速生成三维个性化人体模型。

拍照量体技术因为使用方便快捷，被广泛应用于服装定制、人体建模、虚拟试衣等领域。例如杭州力孚信息科技有限公司研发的图易三维服装创样软件（英文名称为StyleImage）是基于立体裁剪原理的三维服装设计软件，它利用拍照量体的方法，拍摄人体正面与侧面照片，进行3D人台的建模（图1-6）。进而在三维人体上设计服装的立体造型与结构，快速准确地获得服装的纸样，并模拟服装的3D效果，提高设计的效率，为服装的创新设计与量身定制提供智能的解决方案。

图1-6　图易三维服装创样软件

4. 参数化构建

通过插值或变形样本人体模型，可以得到符合个性特征的人体模型。该方法基于人体的恒定结构特征和外部特性，可直接由人体的关键特征信息得到三维人体模型，并可实现参数化。

1.2.2　服装人体数字化的发展

服装人体数字化技术总的发展趋势，是在二维服装CAD软件功能不断趋于完善的同时，更将焦点集中到与产品研发和销售紧密结合的三维虚拟设计CAD软件的开发和应用上。三维服装CAD的难度相当高，其关键技术有：三维人体测量、三维服装覆盖、三维服装动态显示、三维展开至二维衣片等。

最早推出3D虚拟设计系统的是美国CDI公司，于20世纪80年代首先推出了Concept 3D服装设计系统。经过多年的发展，很多公司加入了研发三维服装数字化技术的行列，有加拿大的pad系统、韩国的CLO、以色列–新加坡的Browzwear、法国的力克等都推出了较为实用的三维设计软件（图1-7）。

图1-7　常用三维设计软件品牌图标

1.2.3　人体数字化技术的应用领域

人体数字化技术已经应用在服装相关产业的多个领域，主要是：人体测量与服装号型修订，标准人台、人体模型的建立，服装三维设计，时装产品虚拟展示，量身定制这五大领域。

1. 人体测量与服装号型修订

人体测量通用的方法目前主要包括三种：手工测量、二维图片测量和三维无接触测量。手工测量，即由专业测量人员使用皮尺、人体测高仪等工具对被测人体进行手工测量；二维图片测量则是由摄像机对被测人体的正面、侧面和背面拍照，然后由计算机进行数据提取；三维无接触测量是使用三维人体扫描测量系统对被测人体进行测量，是以现代光学为基础，融光电子学、计算机图像学、信息处理、计算机视觉等技术于一体的高新技术。这些测量方法可以提取出人体的几百个数据。三种方法各有其优缺点，但是随着三维人体测量设备价格的降低以及技术的完善，很多企业，尤其是批量定制企业，都开始使用三维无接触测量技术。

2. 标准人台、人体模型的建立

人台是服装领域替代真人使用的假人，是按人体比例制作的人体模型，利用于服装的设计、生产和流通等整个环节，是服装领域不可或缺的工具。因此，在人体测量大数据的支撑下，研制适合中国人体体型的标准人体模型供服装专业工作者使用是非常必要的。除了普通的裁剪人台外，还有软体人台，它是外部呈几何形态与人体相似，材料力学性能仿真的新型人台。它克服了传统人台材质过硬、乳房不可推挤塑型的特点，能够相对真实地模拟人体的软组织柔软和弹性，比较适合用作内衣人台或者运动服装人台。如图1-8所示为北京服装学院开发的人台，图1-8（a）是标准人台，图1-8（b）是软体人台，软体人台使用了硅橡胶、聚氨酯等材料，手感非常逼真。

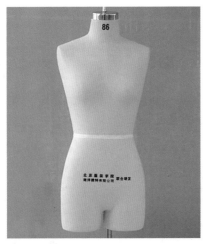
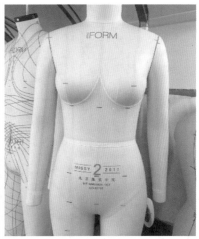

（a）标准人台　　　　　　　　　　（b）软体人台

图1-8　北京服装学院开发的人台

3. 服装三维设计

目前主流的三维服装模拟软件大多提供了可以自由改变体型尺寸的虚拟模特，以及可以在2D和3D模式下进行服装纸样设计和编辑的多种工具，使服装设计不再是枯燥的纸上谈兵，而更加的直观和方便，图1-9为3D服装纸样设计界面。

4. 时装产品虚拟展示

时装产品虚拟展示主要是利用三维虚拟软件将服装、鞋子等制作成三维虚拟模型进行展示。展示分为静态展示和动态展示。静态展示可以用于产品宣传册和网络销售平台（图1-10）；动态展示则可以做成虚拟发布会的形式，使展示效果更加直观（图1-11）。

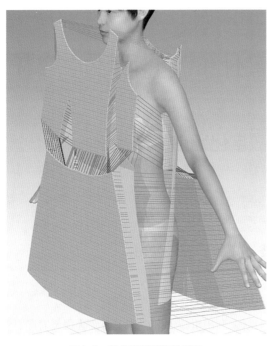

图1-9　3D服装纸样设计界面　　　　　　　　图1-10　三维服装静态展示

图1-11　三维服装动态展示

（图片来源：北京服装学院2019级闫开平同学作品）

5. 量身定制

量身定制又称为单量单裁MTM（Made to Measure），是针对个体进行的服装生产，主要指传统的西服类企业的定制方式。使用三维数字化技术，在充分细分人体体型的基础上，制作出与不同体型相适应的服装制作样板，主要包括人体测量、板型修改、样衣试穿和服装制作等过程。量身定制主要因素有两个：个体的测量数据和标准样板，而这些都需要人体数字化技术的支持。

法国力克公司多年致力于量身定制技术的研发，它所做的就是能够将现有手工模式的量身定制进行数字化，实现效率质的飞跃。一名成熟板师一天最多能做3～4套西服，而通过数字化量身定制系统，一天工作8小时可以打300～400个板。

1.3　服装行业数字化应用案例分析

1.3.1　基于三维仿真技术的服装数字化缝前生产系统

案例来源

上海百琪迈科技（集团）有限公司

项目价值

上海百琪迈科技（集团）有限公司，简称PGM，创建于20世纪90年代末，主要为服装时尚、汽车内饰、家具沙发、军工制品、航空航天、箱包出行、工业制品等柔性材料的制造业，独立设计师，全球采购链，可为院校及研究机构等提供缝前智能化解决方案。产品包括：3D虚拟软件、3D数据采集、CAD、智能排料、CUTPLAN分床计划、各类绘图机、切割机、模板机、智能计算机裁床、拉布机、物联网IOT、AGV等。

本项目针对航宇救生的需求，定向开发三维仿真软件，攻克了三维到二维样板逆向设计等核心难点。通过人体模型数据库、产品样本库，能够实现数据库的动态管理；可实现航宇救生飞行员躯干防护装备（包括抗荷服、代偿服、抗浸服、电磁辐射防护服、通风服、防风夹克等）三维数字人模的快速样板生成与展示、检查；能够实现三维模型与二维样板交互、样板排板；完成二维样板设计制作、放样、排料及输出。图1-12所示为PGM Aphro3D工作界面。

图1-12　PGM Aphro3D工作界面

项目执行过程

软件规划为数据交互与数据库模块、快速驱动设计模块，PGM Aphro3D软件结构图如图1-13所示。

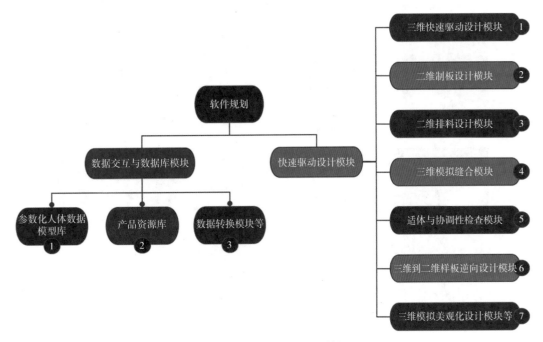

图1-13　PGM Aphro3D软件结构图

1. 数据交互与数据库模块

（1）参数化人体模型，实现人体尺寸、姿态的调整。

（2）实现数据交换，包括外部数据模型的导入以及导出数据到其他仿真软件应用。

（3）完成典型产品构型、材料、色彩与图案库。

2. 快速驱动设计模块

（1）具备服装三维快速驱动设计功能，三维状态下生成服装模型。

（2）实现三维服装模型向二维样片的转化及设计、排板、输出。

（3）实现基于二维样片的三维虚拟试衣功能。

（4）实现基于三维服装模型的面料、辅助材料的设计功能；实现渲染功能，包括图案、纹理的设计功能。

（5）实现虚拟试衣功能，包括静态显示、动态展示；实现虚拟检查功能，包括空隙、姿态协调性、运动协调性及静态压力检测。

（6）实现虚拟试衣场景功能，实现光线、重力等场景对服装的修饰。

项目价值

项目结合了三维仿真技术、服装CAD纸样、数字化人体模型、面料材料力学、三维视觉渲染技术等，实现了服装的3D模式和可视化，展示效果如图1-14所示。项目为服装的设计、开发、展示和决策提供了数字化的三维解决方案，能够显著缩短开发时间和成本，提高产品的品质，丰富产品的款式，为企业带来竞争优势。

图1-14　PGM Aphro3D展示效果

1.3.2　数据驱动下的全渠道中台解决方案

案例来源

广东志华软件科技有限公司

项目价值

广东志华软件科技有限公司成立于2001年，是一家专注为品牌服饰企业提供可落地创新零售解决方案的供应商。作为互联网架构产供销全链路解决方案开拓者，志华软件为零售服饰行业提供IT软件＋管理方法＋组织能力重构的整体解决方案支持，助力企业实现科学高效管理。

本项目的供应链版块建立从设计到板房再到样衣的管控流程，有效降低样衣成本；重点对物料用量计算、采购管理、生产计划跟进等方面进行生产过程、成本控制的有效管理，帮助企业降低生产制造成本，提升企业供应链敏捷能力。零售版块搭载移动端业绩宝APP、EC电商、WMS仓储等解决方案，为企业提供档案管理、需求管理、业务管理、货控管理、仓库管理、财务管理和VIP管理等一系列全方位的管理服务，解决企业标准接口发布、数据交换问题，提升多平台、多店铺、线上线下全渠道订单和库存的统一性和精确性，大大降低了内耗成本。

该项目解决方案涵盖供应链、新零售、全渠道等六大版块，已服务包括雅莹、歌力思、日播、安奈儿等在内的1000多家大中型服饰企业，现有3万多服饰店铺正在使用志华系统，使用用户高达千万。

数据驱动下的全渠道中台具有"5化2心"。"2心"是指全渠道中台指挥中心（图1-15、图1-16）和全渠道中台单据中心；"5化"是指从供应链到零售到财务管控的数字化建设，具体包括以下几方面。

图1-15　全渠道中台指挥中心

（1）采购供应数字化，产品研发数字化→货期管控数字化→品质管理数字化→供应协同数字化。

（2）商品运营数字化，智能补货、分货、调配等，快速周转货品，库存最大化利用，营销经营在线诊断，降低决策周期。

（3）终端赋能数字化，打造数字化门店，为门店创造学习环境，过程可监控、结果可追踪。

（4）会员运营数字化，建立会员模型资产、精准标签匹配，精细化一对一服务、数据分析。

（5）业财一体数字化，财务规范与税务筹划，实现智能结算提升效率。

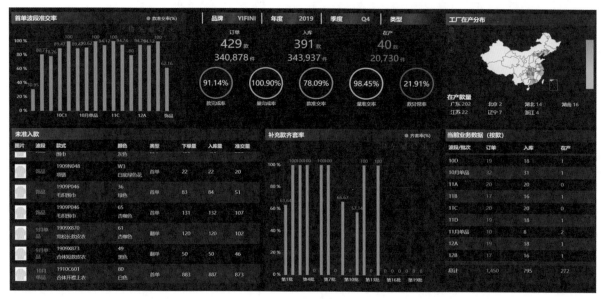

图1-16　供应链数据看板

项目价值

以国内某高端知名女装品牌打造集团化数据中台为例。

（1）全渠道中台上线效果（图1-17）。352家上了全渠道中台系统的店铺，20%商家有较高增长。增长的店铺，在不影响发货效率的情况下，平均有新增12%全渠道订单，提升了业绩，减少了库存供应。

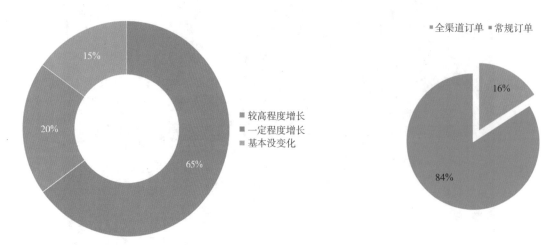

图1-17　上线全渠道中台系统前后业绩对比

（2）实施前后数据对比（线上线下对比）。线下对比：销售业绩提升12%，门店增长率提升8.9%，对账准确率>90%，加盟退货准确率提升95%，每月对账效率160%；线上对比：实体门店发货比率>50%，电商业务盈利25%，货品售罄率87%，电商异常业务跟单员从9人变成1人，消费体验场景覆盖实现异地退换货品。

📖 **拓展阅读**

Yang Y., Wei X., Zhang N., et al. A non-printed integrated-circuit textile for wireless theranostics. Nat Commun 12, 4876 (2021). https://doi.org/10.1038/s41467-021-25075-8.
文献链接： https://www.nature.com/articles/s41467-021-25075-8.

非打印集成电路织物的设计

重庆大学范兴和Nannan Zhang、中科院重庆绿色智能技术研究所张炜教授以及哈佛大学Xingcai Zhang（共同通信作者）等人合作，突破印制电路板（PCB）工艺的限制，通过全编织的方法实现了一种用于生物医学和治疗诊断应用的非印刷型集成电路纺织品（NIT）。在这一纺织品中，所有器件都以纤维或者交织节点的形式建造，并被进一步编织形成可变形织物集成电路。基于电化学选通原理（electrochemical gating principle），这一纤维编织型晶体管展现出了优异的弯曲或者拉伸性能，并且可以进一步编织形成织物逻辑计算模块，以处理不同的突发状况。作者利用应变和光传感器纤维编织纤维型汗水传感器，可同时监测身体健康及其环境。利用基于详细能量消耗分析的光可充电能量织物，编织的电路织物可完全实现自供电的无线生物医学监测和早期预警。作者认为，NIT可被用作24小时待命私人AI"护士"实现日常的卫生保健、糖尿病监测以及处理低血糖等突发情况（图1-18、图1-19）。

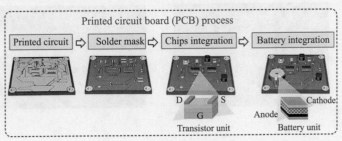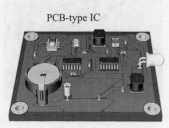

图1-18

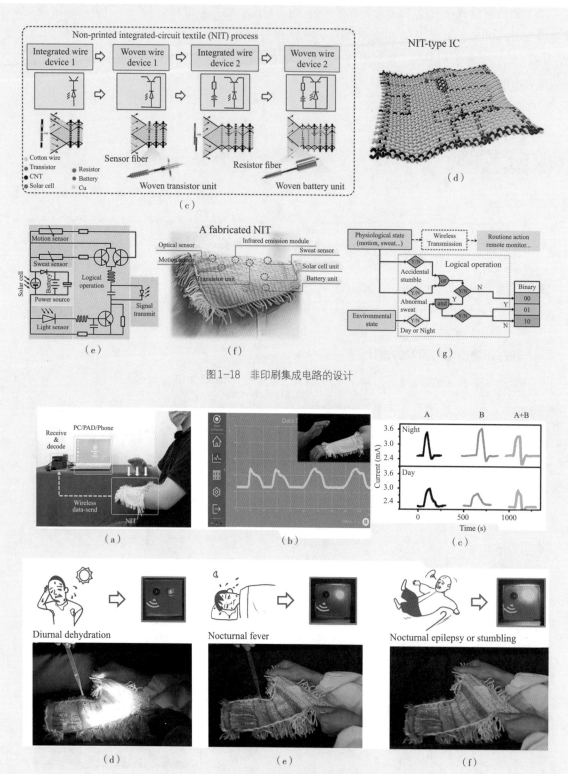

图1-18　非印刷集成电路的设计

图1-19　无线数据发送和紧急警报原型的功能验证

一、名词解释

数字化服装技术

服装计算机辅助设计系统

服装计算机辅助制造系统

柔性制造系统

企业资源计划

产品数据管理

二、简答题

1. 请概括一下服装数字化技术在纺织服装行业的几个应用领域。

2. 你认为数字化技术会在哪些方面带给服装企业新的发展和挑战？

第 2 章

服装设计中的数字化

2.1　服装CAD概述

2.1.1　服装CAD的起源

　　CAD，即Computer Aided Design，意思是计算机辅助设计。其概念起源于1959年12月在麻省理工学院（MIT）召开的一次计划会议。1962年，美国MIT林肯实验室的博士研究生I.E.Sutherland发表了《Sketchpad人机交互图形系统》的论文，率先提出计算机图形学、交互技术和分层存储的数据结构新思想，实现了人机结合的设计方法。1964年美国通用汽车公司和IBM公司成功研制了将CAD技术应用于汽车前玻璃线性设计的DAC-I系统。这是CAD第一次用于具体对象上的系统，在那之后CAD的发展速度得到了迅猛的发展。但是由于当时硬件设施昂贵，CAD技术的应用仍然被少量大公司所垄断。

　　20世纪70年代，CAD技术开始步入实用化，随着小型计算机费用下降，美国工业界才开始广泛地使用交互式绘图系统。到了20世纪80年代，由于PC机的应用，CAD得以迅速发展，出现了专门从事CAD系统开发的公司。现在赫赫有名的Autodesk公司在当时只是一个仅有几个员工的小公司，它开发的CAD系统虽然功能有限，但因为它可免费拷贝，所以在社会上得以广泛应用。同时，由于该系统的开放性，AutoCAD软件的升级速度也很快。CAD最早的应用是在汽车制造、航空航天以及电子工业的大公司中。随着计算机的价格变得越来越便宜，CAD的应用范围也逐渐变广。图2-1所示为Autodesk公司的AutoCAD软件界面。

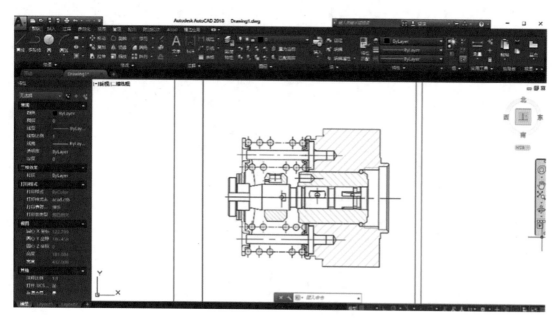

图2-1　Autodesk公司的AutoCAD软件界面

　　1972年，美国的朗·马特尔（Ron Martell）先生率先提出了服装CAD的初始模型，即由输入设备读取手工样板，在计算机中进行推板和排料，然后输出。因此他被尊称为服装CAD之父。随后，一批专业致力于服装CAD的公司不断涌现。1972年美国研发了第一套服装CAD系统MAR-CON，美国格柏（Gerber）公司率先把服装CAD系统推向市场，随后，西班牙、法国、德国等国家也陆续推出服装CAD系统，其中包含1985年成立的西班牙因维斯特（Investronica）公司、1975年成立的法国力克（Lectra）公司和最早开发出PDS系统的德国艾斯特（Assyst）公司。图2-2所示为国外服装专用CAD软件品牌图标。

图2-2　国外服装专用CAD软件品牌图标

在国内，服装CAD的起步相对较晚，虽然在20世纪80年代就将服装CAD系统的研制和开发列为"七五"国家星火项目，但是研发能力有限，主要以引进、消化和吸收国外CAD系统为基础。到20世纪90年代初，北京才引进第一套Gerber的CAD软件，同期，日升公司开发了国内第一套服装CAD系统。随着各行业研究开发人员的迅速投入，我国服装CAD系统较快地从研究开发阶段进入实用化、商品化和产业化阶段。目前性能较好、功能比较完善、市场推广力强、商业化运作比较成功的国内服装CAD系统主要有：深圳盈瑞恒科技有限公司的富怡CAD系统、深圳布易科技的ET系统、深圳博克时代科技开发有限公司的博克智能CAD系统、北京日升天辰电子有限责任公司的NACpro系统、杭州爱科计算机技术公司的ECHO系统等，并形成以北京为中心，北京、杭州、深圳为轴线的CAD产业发展的格局。国产的服装CAD系统是在结合我国服装企业的生产方式与特点的基础上开发出来的，具备常用的款式设计、打板、放码、排料等二维CAD模块，在功能和实用性方面已不逊色于国外同类软件，且造价低，性价比更高。图2-3所示为国内服装专用CAD软件品牌图标。

图2-3　国内服装专用CAD软件品牌图标

2.1.2　服装CAD技术的构成

服装CAD技术是计算机辅助服装设计技术，该技术集成了计算机图形学、数据库、网络通信等计算机、网络及其他相关领域的技术，是综合性的高新技术，服装CAD就是运用计算机进行服装的款式设计、结构设计和工艺设计。通过服装CAD技术，设计师可以利用计算机完成设计工作，满足快速、高效、变化性强的设计工作要求。

此外，计算机辅助技术可以应用在服装设计生产的各个领域，例如，服装CAM（Computer Aided Manufacture），即计算机辅助服装制造，是指在服装生产中，由计算机控制机织、针织、绣花、印花、自动裁床及辅助的拉布机等进行工作，使织造、裁剪、衣片传输等实现高度自动化，从而提高质量，提高工效，减少失误。服装CAT（Computer Aided Testing），即计算机辅助服装检验，是指利用计算机进行服装面料、尺寸和工艺质量等方面的测试。服装MIS（Management Information System），即服装管理信息系统，是运用计算机进行服装企业销售、生产和库存的管理工作，以提高业务的处理速度和规范化程度，并对有关的工作进行集成和重组，进一步通过计算机网络系统实现整个企业管理信息化。

一套完整的服装CAD系统包含软件与硬件两个部分，两者相辅相成，共同实现计算机辅助设计的功能。

1. 服装 CAD 技术的软件构成

通常我们说到服装CAD，往往指的是服装CAD软件系统，作为基础的服装CAD系统，它是由以下几个功能模块构成的：服装款式设计系统、服装样板设计系统和服装工艺CAD系统。

服装款式设计系统是指服装设计师利用计算机进行服装款式设计和材料设计，也就是辅助服装设计师构思、创意、设计并绘制面料效果图、服装款式图、服装效果图等。常用的计算机辅助效果图和款式图软件有PhotoShop、AI、CorelDRAW和Painter等软件。

服装样板设计系统是设计师根据款式图、人体尺寸和相关信息在计算机上绘制出衣片的样板。这样的样板文件可以保存起来，用作后续的工艺CAD系统以及三维服装模拟的素材。

服装工艺CAD系统包括推板模块（Grading）和排料模块（Marking），是板师或工艺师利用计算机来完成服装样板的放码和排料等工作。

2. 服装 CAD 技术的硬件配置

服装CAD系统的硬件除了计算机之外，还包括输入设备和输出设备。输入设备的功能主要是将外部资料：如样片、款式、数据等输入计算机内进行储存和处理。

（1）常用的服装CAD输入设备有。扫描仪、数字化仪、数码照相机、摄像仪、压感笔等。

扫描仪［图2-4（a）］主要用于图像的输入。服装CAD系统一般采用平板式彩色扫描仪，它可以将彩色图像如照片、图片逼真地输入计算机内储存，大多应用于服装CAD的款式设计系统中，以建立款式图片数据库。

数码相机［图2-4（b）］是通用的输入设备，除了可以进行款式录入等操作外，还可以结合服装CAD软件系统，进行二维样板的快速输入。

数字化仪［图2-4（c）］主要用于服装样板的输入，它也可称为读图板，由图形板、游标或电子笔以及支架组成，其工作原理是利用电磁感应把图形中每几百平方微米的小方块对应一个像素，通过游标交流信号产生一个电磁场发送到计算机内。输入时将样板放平紧贴在读图板上，把游标的十字交叉点对准样板上的各个轮廓点，使用事先设定的功能键直接将样板的折点、弧点、放码点、标记点等读入计算机内，可连接成样板图形。数字化仪大多使用于服装立体裁剪生成的样板，在服装CAD系统中被输入后可进行放码和排料操作。

压感笔［图2-4（d）］是指绘图用的数码压力感应笔，一般配合数位板一起使用。通常是设计师在进行计算机效果图绘制时使用，随着三维服装CAD软件的发展，压感笔还被用在三维界面中服装基础线勾勒等方面。

（a）扫描仪　　　　　　　　　　　　　　　　　　（b）数码相机

（c）数字化仪　　　　　　　　　　　　　　　　　　（d）压感笔

图2-4　常用的服装CAD输入设备

（2）输出设备的功能主要是将计算机内的图形输出到外部，常用的输出设备有：打印机、喷绘机、绘图仪、刻板机、裁床等。

打印机［图2-5（a）］是普遍的输出设备，可以输出效果图、缩小的排料图、生产工艺单、客户档案及有关的管理信息等。

喷绘机［图2-5（b）］是大型打印机系列产品的一种，使用溶剂型或UV固化型墨水作为颜料，它不需要制板、套色和复杂的晒板程序，不会对材质的表面造成损坏，并具有防水、防紫外线、防刮等特性。

绘图仪［图2-5（c）］有平板式和滚动式两种，绘图方式有喷墨和笔式之分，小型的绘图仪一般宽为90cm，大型的绘图仪一般宽为180cm。它们主要用于绘制1∶1的样板、放码图或排料图。

刻板机［图2-5（d）］即切割机，有大型和小型、平板和滚动、单笔和双笔等不同类型。

裁床［图2-5（e）］用激光刀直接切割布料，都是平板式，价格比较昂贵。

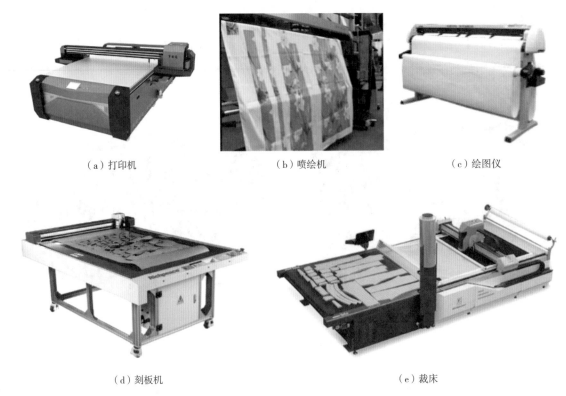

（a）打印机　　　　　　　　　（b）喷绘机　　　　　　　　　（c）绘图仪

（d）刻板机　　　　　　　　　　　　　　（e）裁床

图2-5　常用的服装CAD输出设备

2.1.3　服装CAD技术的发展

随着计算机软、硬件技术的不断更新以及网络与信息技术的突飞猛进，服装CAD技术也不断地推陈出新，在大数据、云计算、个人定制等领域取得了一定的成果。

例如，深圳盈瑞恒科技有限公司针对在工业4.0的大背景下服装企业向智能制造、智慧工厂发展的趋势，开发了富怡服装CAD V10.0（数据库版）。它具备开样、放码、排料等完备而且强大的基本功能，包含多种制板方式并适用于大货生产、高级定制、团体定制等多种生产模式，同时拥有众多特殊专业工具等能为特定产品服务，如充绒计算、模板功能等。也可连接富怡最高配版超级排料软件，为客户提供超高利用率，同时可连接基于SAAS模式的云超排，客户可根据自身需求，以相对合理的成本来进行排料，为客户提供更多可能。云转换功能为客户更换软件或与其他客户文件对接提供了极大的便利。

深圳博克时代科技开发有限公司，针对定制服装行业研发了博克定制服装CAD系统，可以实现快速自动改板和板型组合，实现真正的一人一板、一衣一款。通过系统强大的参数化设计功能，对基准样板进行部件化建模，与智能数据中心相结合，形成强大的款式库与部件库，根据输入的测量数据和款式部件自动生成对应的样板和排料，与博克MTM系统及博克智能数据中心结合起来，可以形成完整的个性化定制解决方案。

此外，在三维服装CAD与虚拟试衣领域，技术的发展也取得了一定的突破，无论是韩国CLO公司推出的CLO3D系统，还是国内杭州凌迪科技公司推出的Style3D系统，都不断升级完善系统功能，不仅使设计师的工作更为高效，也为消费者带来了全新的体验。图2-6所示为三维服装CAD作品。

（a）CLO3D作品　　　　　　　　　　　　（b）Style3D作品

图2-6　三维服装CAD作品

2.2　数字化服装款式设计

2.2.1　数字化服装款式设计的分类

服装设计师脑海中最初的设计灵感是通过形象化的绘图来表现的，之后需要通过不断修改、精心制作，最终才能迎来服装设计作品的诞生，因此最初的款式设计在整个服装设计过程中显得至关重要。随着计算机技术日新月异的发展，服装款式设计也逐步由传统的手工绘图转变为数字化服装款式设计。

服装设计的表现技法和效果是计算机辅助设计的强项，根据其应用领域的不同，可以将表现服装设计意图的绘画分为四种：设计草图、服装效果图、时装画和平面效果图。

1. 设计草图（Fashion Sketch）

设计草图是记录设计师设计思想的工具，往往是以最快的速度记录下设计灵感和一闪而过的造型要素。草图强调的是速度，因此不需要绘制得精确完美，它只是设计师创作之初的思想记录。图2-7（a）所示为设计草图。

2. 服装效果图（Fashion Drawing）

服装效果图，顾名思义是服装穿着在人体上所呈现出来的效果。相对设计草图［图2-7（a）］而言，服装效果图更加具体，它在一定程度上要能清晰地表现出服装的结构和比例。当然，效果图也强调艺术性，这组草图和效果图就是以京剧脸谱为灵感，运用丝绸和雪纺纱的飘逸及光泽感突出浓重的中国特色。因此，好的服装效果图不仅可以帮助设计师更好地展现款式特点和结构，还能充分地表达设计师的设计风格，如图2-7（b）所示为服装效果图。

（a）设计草图　　　　　　　　　　　　　（b）服装效果图

图2-7　设计草图与服装效果图的对比
（资料来源：张玲著《服装设计：美国课堂教学实录》）

3. 时装画（Fashion Illustration）

时装画是表现服装穿着于人身上所塑造出的人物状态和形象效果，风格更趋向于装饰性和艺术性。时装画的表现手法同现代很多视觉传播艺术形式一样，也分为传统手绘表现和数字技术表现两种形式。在大规模、成衣化生产的时代背景之下，数字化绘图方式显然已经成为服装设计师们的主要设计手段，也是服装从业者们必备的专业技能之一。图2-8（a）是美国时装画家本·莫里斯（Ben Morris）的作品，图2-8（b）是美国时装画家史蒂文·斯提贝尔曼（Steven Stipelman）的作品，图2-8（c）是中国服装设计师赵晓霞的作品。欣赏这些时装画作品，很像是在观看一件件精美的绘画作品。

（a）本·莫里斯作品　　　　　（b）史蒂文·斯提贝尔曼作品　　　　　（c）赵晓霞作品

图2-8　时装画作品

4. 平面效果图（Flat Sketch）

相比前三种表现形式，平面效果图则显得更加详细、准确。这里不需要借用人物来对服装进行完整的描述，只用服装图形本身就能清晰地表现服装本身的造型、各个部位的详细比例、服装内部结构特点及设计细节。图2-9所示的平面效果图，展示了服装的外轮廓线、省道、缝边用较粗的线勾勒，明线等细节用较细的线绘制。平面款式图要标注任何在服装上出现的细节：单明线；双明线；扣子的形状、大小；分割线的位置；省道的位置等。

由于平面效果图与实际服装的样子最为接近，常被用在服装的大工业生产过程中。平面效果图一般会要求把服装的正面和背面都表现出来，局部的细节需要放大，同时添加文字说明，这样可以弥补服装效果图中由人的立体形态所造成的透视问题，完善衣服中被遮挡的部位，使服装款式表现得更完整、具体，在服装企业中使用非常广泛。

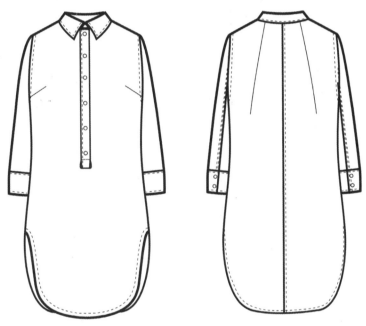

图2-9 平面效果图

以上四种服装设计表现形式在具体实现过程中，除设计草图外通常都需要计算机绘图软件的参与。从一定程度上来讲，数字化服装款式设计可以弥补手绘方式中的一些限制和不足，其装饰性与表现性也更符合现代人审美需求和时尚品位。绘图软件强大的编辑功能可以在瞬间变换出丰富多样的表现效果，便于设计师比较和筛选最满意的设计方案。当然，想要实现这些，首先要了解计算机绘图的基本概念，熟悉常用的绘图工具，这些内容将在下一节做简要介绍。

2.2.2 数字化服装款式设计的基本概念

1. 像素

像素（Pixel）是由图像（Picture）和元素（Element）两个单词合成的，是用来计算数码影像的最小单位。一个像素在屏幕上对应显示一个单色的点。像素越高，图像越清晰，文件存储量也越大。

2. 位图和矢量图

位图与矢量图是计算机绘图软件的两种基本格式。

（1）位图（Bitmap）。在这种方式中，图形由排列成若干行、若干列的像素点（Pixels）组成，形成一个以"点阵"表示图像的阵列，记录每个像素点的颜色值，就等于保存了整幅图像，如图2-10所示。可以想象一下十字绣或者夜晚彩色的霓虹灯做出的图案，这就是位图的编码原理。由于位图是由若干像素点构成的二维阵列，因此，位图也称点阵图。处理位图的代表性软件是Photoshop和Painter。

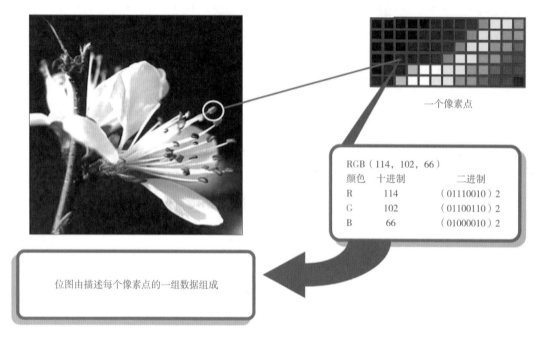

一个像素点

RGB（114，102，66）

颜色	十进制	二进制
R	114	（01110010）2
G	102	（01100110）2
B	66	（01000010）2

位图由描述每个像素点的一组数据组成

图2-10　位图的表示

关于位图有一些术语：分辨率、颜色深度、图像大小等。

分辨率是指每个单位距离上有多少个像素点，常用DPI（Dot per Inch）表示。显然，图像分辨率越高，图像越逼真，同时意味着需要更多的存储空间。

颜色深度是指在某一分辨率下，每一个像素点用多少种色彩来描述，它的单位是"bit"（位）。具体来说，8位的颜色深度是将所有颜色分为256种（$2^8 = 256$），每一个像素点可以取这256种颜色中的一种。在彩色图像最常见的RGB模式中，每个像素的R（Red）、G（Green）、B（Blue）分量都是一个0～255范围的值，最终在屏幕上呈现多达1670万种颜色（$2^8 \times 2^8 \times 2^8 = 16777216$）。显然，颜色深度越大，颜色越丰富，存储空间也越大。

图像大小包含两个含义：一是指图像物理尺寸的大小，二是指图像占用空间的大小。

图像物理尺寸的大小是指一幅图像包含像素点的规模，用两个维度衡量：行和列。例如，一幅图像的分辨率为1024像素×768像素，那么意味着图像有768行，每行有1024个像素，这幅图像共有1024×768＝786432个像素点。图像大小有时也会用厘米、英寸（1英寸＝2.54厘米）等单位表示。

图像占用空间的大小是计算机存储这幅图像所需要的存储空间。

计算公式为：图像占用空间的大小＝分辨率×位深/8，其中：

分辨率＝图片宽×图片高（例如：1024×768，640×480）

位深是24位、16位、8位等。

"/8"计算的是字节数（1字节 = 8位）。

如果结果数值太大，可以换算成上一级的存储单位，例如：1024B = 1KB、1024KB = 1MB等。

【计算题】图像分辨率为400像素×400像素，颜色深度为24位，则其占用空间大小是多少？

$$400 \times 400 \times 24/8 = 480000Byte = 468KB$$

说明：对于BMP格式的位图文件来说，数据不进行压缩，因此不论是内容丰富的照片，还是简单的一个圆圈，400像素×400像素的24位彩色位图需要的存储空间是一样的，都是468KB。

（2）矢量图（Vector）。也叫向量图，是以记录图形外部轮廓的方式对图形进行存储，如图2-11所示。特点是缩放时画面不会失真。当在矢量绘图软件中画一个正圆的时候，文件仅需要记录圆心的位置以及半径的大小，如图2-12所示，因此文件占用的存储空间很小。矢量图是由描述图形几何信息的数据组成的，并不是按像素点逐一进行记录的，因此矢量图与分辨率无关，它可以按最高分辨率显示到输出设备上。处理矢量图的代表性软件是Illustrator和CorelDRAW。

图2-11　矢量图示例

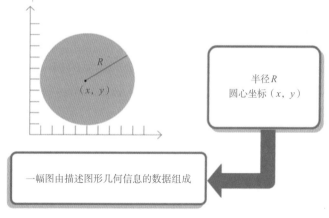

图2-12　矢量图的编码原理

3. 常见的文件格式及特点

当我们使用绘图软件制作或处理好一幅图像后都需要进行存储，这时，选择一种合适的文件格式就显得十分重要。

以 Photoshop 为例，这个软件提供了 20 多种文件存储格式可供选择。在这些文件格式中，既有某些绘图软件的专用格式，也有用于应用程序交换的文件格式，还有一些比较特殊的格式。下面，我们将一些常用的文件格式介绍给大家。

（1）BMP 格式。是 Windows 系统下的标准格式。它是一种与硬件设备无关的图像文件格式，使用非常广泛。它采用位映射存储格式，除了图像深度可选以外，不采用其他任何压缩，因此，BMP 文件占用的空间很大。BMP 文件存储数据时，图像的扫描方式是按从左到右、从下到上的顺序。由于 BMP 文件格式是 Windows 环境中交换与图有关的数据的一种标准，因此在 Windows 环境中运行的图形、图像软件都支持 BMP 图像格式。

（2）PSD 格式。是图像处理软件 Photoshop 的专用格式。它的文件扩展名是 .psd，可以支持图层、通道、蒙版和不同色彩模式的各种图像特征，是一种非压缩的原始文件保存格式。PSD 文件有时容量会很大，但由于可以保留所有原始信息，在图像处理中对于尚未制作完成的图像，选用 PSD 格式保存是最佳的选择。

（3）TIFF 格式。由 Aldus 和微软联合开发，最初是出于跨平台存储扫描图像的需要而设计的。它的格式灵活易变，共定义了四类不同的格式：TIFF-B 适用于二值图像；TIFF-G 适用于黑白灰度图像；TIFF-P 适用于带调色板的彩色图像；TIFF-R 适用于 RGB 真彩图像。TIFF 支持多种编码方法，其中包括 RGB 无压缩、RLE 压缩及 JPEG 压缩等。

（4）GIF 格式。是一种 Web 上常用的图像格式。GIF 文件的数据是一种基于 LZW 算法的连续色调的无损压缩格式，其压缩率一般在 50% 左右。GIF 图像文件的数据是经过压缩的，而且是采用了可变长度等压缩算法。所以 GIF 的图像深度从 1bit 到 8bit，即 GIF 最多支持 256 种色彩的图像。GIF 格式的另一个特点是其在一个 GIF 文件中可以存储多幅彩色图像，如果把存于一个文件中的多幅图像数据逐幅读出并显示到屏幕上，就可构成一种最简单的 GIF 动画。

（5）JPEG 格式。是压缩格式中的"佼佼者"，与 TIFF 文件格式采用的 LIW 无损失压缩相比，它的压缩比更高。它使用的有损失压缩会使图像丢失部分信息，不过可以在存储时选择图像的最后质量，这样就能控制数据的损失程度。

2.2.3 数字化服装款式设计常用工具

目前数字化服装款式设计的通用软件有美国 Adobe 公司出品的 Photoshop 和 Illustrator，加拿大 Corel 软件公司产品 Painter 和 CorelDRAW，其中，Photoshop 和 Painter 是位图处理软件，Illustrator 和 CorelDRAW 是矢量图处理软件。

1. Photoshop

Photoshop 是 Adobe 公司出品的世界上最著名的图像处理软件之一，软件界面如图 2-13 所示。它是集图像扫描、编辑修改、图像制作、广告创意、图像输入输出于一体的图形图像处理软件，深受广大平面设计人员和计算机美术爱好者的喜爱。Photoshop主要侧重于对图片的编辑，即使没有美术功底的操作者同样可以轻松驾驭这款软件。

图2-13　Photoshop软件界面

　　Photoshop与Painter都是位图绘图软件，这两种软件在功能方面虽有一些重合，但侧重点不同，表现风格也各有特色。这两种软件可以单独使用，也可以相互结合，形成更为丰富的画面效果。使用这两款软件绘制时装画的效果如图2-14所示。

（a）Photoshop服装效果图　　　　（b）Painter服装效果图　　　　（c）Photoshop+Painter服装效果图

图2-14　Photoshop及Painter绘制的服装效果图
（资料来源：赵晓霞编著《时装画电脑表现技法》）

2. Painter

　　Painter意为"画家"，由加拿大著名的图形图像类软件开发公司Corel公司出品，软件界面如图2-15所示。与Photoshop相似，Painter也是基于位图的处理软件。

　　Painter是一款极其优秀的仿自然绘画软件，它是专门为渴望追求自由创意及需要数字工具来模拟传统绘画的数字艺术家、插画师而开发的，因此需要操作者有一定的美术功底。Painter是目前模拟手绘效果最好的软件，其中自带的笔刷就多达500多种，可以用于水彩、素描、油画、装饰画等各类绘画的创作，绘画者使用数位板来发挥它强大的功能。Painter在数字绘画领域的地位不可动摇，是同级产品中的佼佼者，获得业界的一致推崇。

图2-15　Painter软件界面

3. Illustrator

在矢量绘图界，能够得到大家普遍认可的软件有Adobe公司的Illustrator及Corel公司的CorelDRAW。Illustrator具有文字输入和图标、标题字、字图以及各种图表的设计制作和编辑等优越的功能。CorelDRAW是一个绘图功能强大的软件包，并且兼有图形绘画、图像处理、表格制作等多种功能。

Illustrator是美国Adobe公司出品的重量级矢量绘图软件，是出版、多媒体和网络图像的工业标准插画软件，软件界面如图2-16所示。Illustrator将矢量插图、版面设计、位图编辑、图形编辑及绘图工具等多种元素合为一体，广泛地应用于广告平面设计、策划、网页设计、插图创作、产品包装设计、商标设计等多个领域。

这款软件可以为我们的线稿提供无与伦比的精度，能满足工业制图标准。从小型设计到大型的复杂项目，这款软件都适用。它的优势在于处理矢量图形方面，能够非常精确地控制矢量图形的位置、大小，是工业界标准的绘图软件。

图2-16　Illustrator软件界面

4. CorelDRAW

CorelDRAW是由加拿大Corel公司推出的图形设计软件包，集图形绘制、文字编辑、图形效果处理等功能于一体，软件界面如图2-17所示。因其强大的功能、占用内存比位图小、方便快捷的操作、人性化的操作界面等优点，深受广大专业设计人士和众多计算机爱好者的青睐。CorelDRAW集成了很多的软件包，没有多少使用者能够完全掌握这些功能，也正是因为这个原因，很多新手学者更愿意选择Illustrator，因为更容易上手。

在目前的矢量绘图领域，CorelDRAW一直与Illustrator并驾齐驱，各有各的优势，画者可以凭借自己的喜好和绘图习惯进行选择。

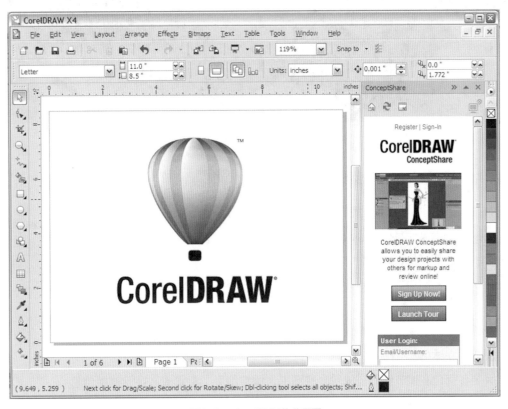

图2-17　CorelDRAW软件界面

2.2.4　数字化服装设计作品赏析

1. 数字化服装设计的常用设备

目前，服装设计作品的数字化绘制大多采用与扫描仪、数码相机等输入设备相结合的方法。设计师先将设计草图或人体线描稿使用扫描仪或数码相机输入计算机，再使用数字化软件进行服装效果图的润色与处理。数位板的出现进一步促进了数字化服装设计的发展。数位板是新型的计算机输入设备，它包括手写笔和手写板，如图2-18所示。手写笔具有神奇的压感感应功能，只要通过手上压力的改变就可以得到粗细浓淡变化无穷的线条，可以让服装设计师找到手绘时装效果图的感觉，通过数位板的输入配合图形图像处理软件可以让服装设计师如虎添翼。

图2-18　数位板

2. 数字化服装设计的一般步骤

利用Photoshop或Painter绘制服装效果图的一般步骤为：

（1）用钢笔工具或手写板手绘线稿，也可以用扫描的方式获得最初的线稿。

（2）对线稿进行调整和修改后，单独存为线稿图层。

（3）建议将线稿层中的头部、躯干、服装、配饰各部位分别建立选区和单独建立图层，便于后续的操作和识别。

（4）设计好画笔效果后使用画笔工具添加底色阴影和高光，细化服装细节，也可以配合加深和减淡工具增加服装的立体感。

（5）服装各部位和细节绘制完成后合并图层，添加倒影、背景或文字等辅助信息。

使用Illustrator或CorelDRAW绘制服装平面图的一般步骤为：

（1）使用手绘工具配合形状工具绘制上装模板，也可以使用辅助线或是绘制表格工具设置大致的服装廓型比例。

（2）在模板上使用手绘工具组中的钢笔或贝赛尔工具配合形状工具进行服装轮廓线的绘制，一般是先画衣身等主体部位，后画领子、袖子等部位，对称的部位可以只画一半后做镜像操作。

（3）绘制分割线、口袋、纽扣、拉链等，同时注意明线、褶裥、阴影等细节。

（4）使用填充工具对平面图进行填充，CorelDRAW中设有均匀、渐变、图样、底纹等多种填充形式，也可以使用定义图案命令自定义填充图案内容。

（5）进行透明度和阴影的设置，对作品进行进一步的完善。

3. 服装效果图作品赏析

使用不同软件绘制完成的服装效果图作品，如图2-19～图2-22所示。

图2-19　Photoshop服装效果图的线稿和完成图（位图）
（资料来源：赵晓霞编著《时装画电脑表现技法》）

图2-20　Painter服装效果图的线稿和完成图（位图）
（资料来源：赵晓霞编著《时装画电脑表现技法》）

图2-21　Illustrator服装效果图（矢量图）
（资料来源：张皋鹏主编《Illustrator多媒体教学经典教程》）

图2-22　CorelDRAW服装效果图（矢量图）
（资料来源：马仲岭，周伯军主编《CorelDRAW数字化服装设计》）

4. 服装平面图作品赏析

CorelDRAW 和 Illustrator 都能提供多种色彩模式和多种填充模式，相对于手绘服装平面图，使用绘图软件更能提高效率、更精准、更便于修改、画面效果更强，更便于设计资料的积累存储和传输。例如，平面图绘制时通过使用镜像、翻转等功能就可以把只绘制一半的效果做对称即可；对于款式相近的服装，可以通过在分割线、外形等局部细节上的修改即可；对于相同的款式可以通过复制后进行随意的配色设计。使用 Illustrator 绘制完成的服装平面图，如图 2-23 所示。

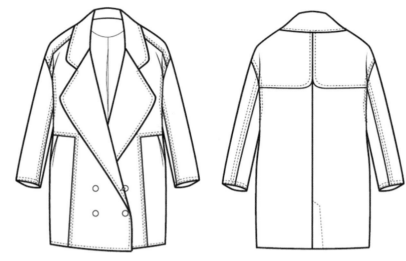

图 2-23　Illustrator 绘制的服装平面图（矢量图）

除了本节介绍的通用软件外，许多服装 CAD 软件公司也推出了专门用于服装款式设计的 CAD 软件。这类软件专业性更强，提供强大的线迹库、饰品库与部件库，对款式和图案的修改也更为便捷。一些软件中还提供了流行色的配色库，辅助设计师进行配色。

总之，随着计算机图形学的不断发展，数字化技术将在服装设计领域得到越来越多的应用，也将给服装设计带来一场深刻的变革。

2.3　数字化服装样板设计

数字化服装样板设计，是用计算机进行服装板型设计，通常需要使用专用的服装样板 CAD 软件。目前服装样板 CAD 已成为各大高校服装专业开设的必修课程，并在众多服装企业中得到大规模运用，已替代传统服装制板方法成为主流制板方式。

因为市面上的服装样板 CAD 种类繁多，本书选取富怡公司的服装 CAD 系统为例，讲解服装样板设计的基本操作。

2.3.1　富怡服装CAD系统

1. 富怡服装 CAD 概述

富怡服装 CAD 系统经过十几年的发展，已经非常成熟。最新的 V10 系统对数据结构和程序框架进行了飞跃性的升级，拓展了大量功能和应用延伸，是用于服装、内衣、鞋帽、箱包、沙发、帐篷等行业的专用开样、放码及排板的软件，主要针对企业用户。

富怡 V8A（增强版）为富怡官方免费版本，可以免费下载安装使用，功能没有限制，可用于学习及生产，并具备纸样输入、输出功能。所以本书相关操作都是以富怡 V8A 增强版为支持平台的。

2. 富怡服装 CAD 的下载

打开深圳盈瑞恒科技有限公司的官网（http://www.richforever.cn）首页（图2-24），即可看到服装 CAD V8A（增强版）的简介与链接，点击"软件下载"，即可进入软件下载页面（图2-25），单击"立即下载"，就可以直接将安装文件压缩包进行下载。

图2-24　富怡官网首页

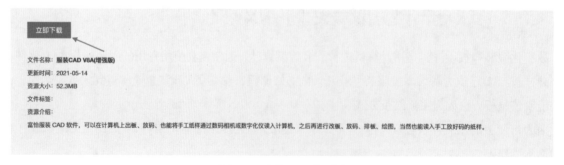

图2-25　富怡V8A下载页面

下载后将文件解压，双击运行"setup.exe"文件，如图2-26所示，就可以进行安装了。值得注意的是，富怡CAD V8A版本并不支持Mac操作系统，仅支持Windows操作系统。

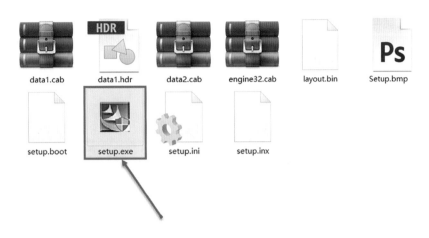

图2-26　富怡压缩包解压文件夹

3. 富怡服装 CAD 的工作环境

富怡CAD系统的工作界面（图2-27）最上方是标题栏，用来显示当前文件的标题和存盘路径；其下方为菜单栏，该区是放置菜单命令的地方，且每个菜单的下拉菜单中又有各种命令。单击菜单时，会弹出一个下拉式列表，可用鼠标单击选择一个命令，也可以按住"Alt"键敲菜单后的对应字母，菜单即可选中，再用方向键选中需要的命令进行操作。

界面上快捷工具栏用于放置常用命令的快捷图标，为快速完成设计与放码工作提供了极大的方便。

纸样列表框位于界面右侧，用于放置当前款式中的纸样，纸样名称、份数和次序号都显示在这里，拖动纸样可以对顺序进行调整，不同的布料显示不同的背景色。

系统界面中间大部分区域是工作区，工作区仿佛一张无限大的纸张，是纸样设计和纸样放码的工作区域，绘图时可以显示纸张边界。

界面左侧边通常用来放置常用工具，诸如设计工具栏、纸样工具栏等，这些工具栏可以拖出来，悬浮在系统界面上方，也可以放在其他位置。

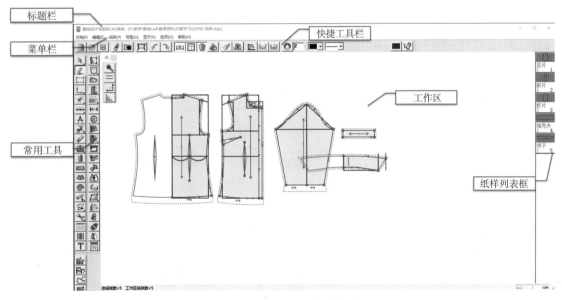

图2-27　富怡CAD系统的工作界面

4. 常用设计工具与适用场合

（1）快捷工具栏。富怡样板CAD系统集成了样板设计与放码的功能，并为用户提供了多种工具，其中菜单栏下方为快捷工具栏，用于放置常用命令的快捷图标，为快速完成设计与放码工作提供了极大的方便，如图2-28所示。

图2-28　快捷工具栏

（2）设计工具栏。除了快捷工具栏外，还有设计工具栏，用来放置绘制及修改结构线的工具，如图2-29所示，有最为常用的智能笔工具、其他较为常用的调整工具、等份规工具、圆规工具和角度线工具等。

图2-29　设计工具栏

（3）纸样工具栏。是用来放置对纸样进行细部加工的工具，如加剪口、加钻孔、加缝份、加缝迹线、加缩水等，如图2-30所示。

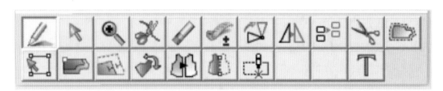

图2-30　纸样工具栏

（4）放码工具栏。是用来放置不同方式放码时所需要的工具，如图2-31所示。

图2-31　放码工具栏

（5）隐藏工具。富怡CAD系统还提供了很多快捷工具，默认为隐藏状态，可以通过"选项—系统设置"中"工具栏配置"对话框将需要的工具按钮显示出来，为用户的操作提供了大量的方便，如图2-32所示。

图2-32　隐藏工具

2.3.2　服装基础样板的设计方式

富怡服装CAD系统集成了纸样设计和纸样放码功能，其中针对纸样设计，它提供了三种纸样生成的方式，分别是：手工纸样导入、自动打板和自由设计。

1. 手工纸样导入

手工纸样导入是通过数字化仪或数码相机把手工纸样变成计算机中纸样，既可以是单码输入，也可以是齐码输入。

2. 自动打板

在富怡CAD系统中存储了大量的纸样库，可以通过修改部位尺寸直接生成订单尺寸，还能自动放码并生成新的文件，为快速估算用料提供了确切的数据，而且用户也可以建立自己的纸样库。

单击"文档"菜单下"自动打板"，即可打开"自动打板"窗口，如图2-33所示。用户可以选择需要的款式，输入各部位尺寸，即可自动生成对应款式的纸样。

图2-33　自动打板窗口

3. 自由设计

自由设计方式是最为常用的CAD打板方式，借助设计系统提供的大量工具，就可以轻松地完成纸样的绘制。

▣ **拓展阅读（图2-34）**

［1］赵晓霞. 时装画电脑表现技法［M］. 北京：中国青年出版社，2012.

［2］［美］科珀. 美国时装画技法：灵感·设计［M］. 孙雪飞，译. 北京：中国纺织出版社，2012.

图2-34　拓展阅读

✎ **课后练习题**

一、单选题

1. 运用计算机进行服装的款式设计、结构设计和工艺设计的计算机辅助设计可缩写为
　（　　　）。

　A. 服装CAD　　　　　　　B. 服装CAM　　　　　　C. 服装CAT　　　　　D. 服装MIS

2. 在以下4种服装设计的表现形式中，（　　　）绘图最为详细，准确。

　A. 设计草图（Fashion Sketch）　　　　　　　B. 服装效果图（Fashion Drawing）

　C. 时装画（Fashion Illustration）　　　　　　D. 平面效果图（Flat Sketch）

3. 以下软件中属于位图处理软件的是（　　　）。

　A. Photoshop　　　　　　B. Illustrator　　　　　　C. Office　　　　　D. CorelDRAW

4. 以下软件中属于矢量图处理软件的是（　　　）。

　A. Photoshop　　　　　　B. Illustrator　　　　　　C. Office　　　　　D. Painter

5. 如果想要存储一幅200像素×200像素的24位彩色位图，需要的存储空间是（　　　）KB。

    A. 468　　　　　　　　B. 351　　　　　　　　C. 117　　　　　　　　D. 400

二、多选题

1. 以下（　　　）公司是专业的服装CAD软件公司。

    A. Gerber　　　　　　B. Lectra　　　　　　C. Autodesk　　　　　　D. 日升

2. 以下（　　　）设备是服装CAD的输入设备。

    A. 数码相机　　　　　B. 数字化仪　　　　　C. 扫描仪　　　　　　D. 喷绘机

3. 表现服装设计意图的绘画包括以下哪几种？（　　　）

    A. 设计草图（Fashion Sketch）　　　　　　　B. 服装效果图（Fashion Drawing）

    C. 时装画（Fashion Illustration）　　　　　　D. 平面效果图（Flat Sketch）

4. 目前数字化服装款式设计的通用软件有（　　　）。

    A. Photoshop　　　　　B. Illustrator　　　　　C. Painter　　　　　D. CorelDRAW

5. 关于位图（Bitmap）和矢量图（Vectorgraph）的描述，哪些是正确的？（　　　）

    A. 矢量图的显示速度比位图慢

    B. 放大一定的倍数后，矢量图会降低图像质量

    C. 放大一定的倍数后，位图会降低图像质量

    D. 矢量图的文件大小与画面复杂程度无关

三、判断题

1. 日升公司是专业的服装CAD软件公司。

2. 被尊称为服装CAD之父的是美国的Ron Martell先生。

3. 服装CAD软件不仅可以自由设计板样，还可以利用数码相机等设备进行纸样导入。

4. 位图和矢量图的文件大小均与画面的复杂程度无关。

5. 矢量图在被放大4倍后，画面的清晰程度不会降低。

6. 智能笔是富怡服装CAD软件中最常使用的工具。

7. 富怡服装CAD系统集成了纸样设计和纸样放码两个功能。

第3章
虚拟服装展示技术

随着虚拟现实技术的日渐成熟，它在纺织服装行业中的应用也变得十分广泛。虚拟服装展示技术目前主要应用于服装设计、店铺陈列、营销活动中。这些新的应用为全方位展现服装制作工艺及穿着效果，提升服装产品的销售服务水平提供了技术支持。虚拟服装展示技术经历了从静态展示到动态展示的发展历程，制作出的服装展示方案逐步完善，服装展示效果与实际预期目标更加接近。

本章将介绍什么是虚拟服装，这项技术在过去二三十年中的发展历程，研究成果，以及现如今的应用领域，开发现状等，通过具体的流程图展示虚拟服装的实现方法，并分析其中的难点。

3.1　虚拟服装创意万千

3.1.1　什么是虚拟服装

将计算机图形学原理与纺织服装工艺相结合的虚拟展示系统可以预先审视服装整体造型效果，有助于缩短成衣的制作时间，提高客户满意程度。借助虚拟服装展示系统可以提高服装产品在电子商务领域的可视化程度，增强顾客的购买热情和信心，为服装企业开创新型营销和展示渠道。与发达国家相比，我国虚拟服装展示技术的开发与应用尚处于起步阶段，实际应用积累经验不足，需相关技术工作人员结合服务行业发展新态势，对展示技术与展示系统各项功能进行不断优化。想要了解什么是虚拟服装，需要先了解几个关键词。

1. 虚拟现实

虚拟现实VR（Virtual Reality）源自美国学者伊万·萨瑟兰（Ivan Sutherland）1965年发表的论文《终极的显示》。其大胆的设想是：在计算机屏幕这个观察窗口中可以看见一个虚拟的世界，这个世界看起来真实、听起来真实以及真实地运动、感觉到真实。过了大约20年，这种设想真的实现了。虚拟现实技术最根本的贡献在于它让用户在虚拟的场景中感到"身临其境"，通过人机交互，做着想做的事情，体验着沉浸其间的所有感觉，妙不可言。图3-1为虚拟博物馆及虚拟城市的展示效果。

图3-1　虚拟博物馆及虚拟城市展示效果

2. 服装数字化

服装数字化技术分为二维服装数字化技术和三维服装数字化技术。二维服装数字化技术主要体现为服装CAD，一般包括服装纸样设计、推板和排料等功能。图3-2所示为二维服装纸样设计界面。

图3-2　二维服装纸样设计界面

三维服装数字化技术是指在三维空间中实现人体测量、人体建模、服装设计、裁剪缝合及服装虚拟展示等方面的技术。其优势是不需要制作传统的样衣，在虚拟现实环境下可直接观看模拟人体着装后的效果，同时也支持三维环境下直接对服装款式做修改。图3-3是在三维CAD软件中完成的服装设计，右侧窗口是服装的二维纸样，左侧窗口是虚拟展示效果。

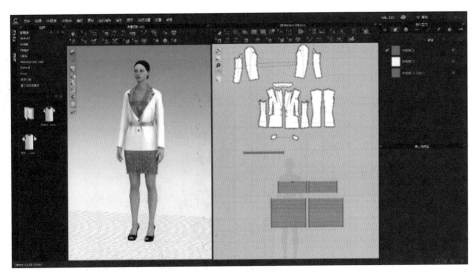

图3-3　三维CAD软件中的服装设计

3. 人体数字化

人体表面是非常复杂的曲面，通常会根据不同的需求选择不同方法进行人体数字化。在第一章服装数字化技术概述中曾介绍，应用于虚拟服装的人体建模方法主要有四种：基于三维扫描的三维重建；基于软件的人体建模；基于照片信息的人体建模；基于参数化的人体构建。图3-4是三维服装设计系统自带的虚拟模特，在系统中他（她）们被称为Avatar（替身），代替真正的模特试穿设计师设计好的服装。

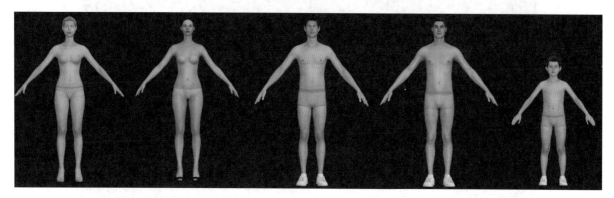

图3-4　三维服装设计系统中的Avatar（替身）

综上所述，虚拟服装是利用虚拟现实技术将服装与人体分别数字化，并将两者有效结合，进而以三维立体形式展现服装造型效果的一种新兴技术。借助虚拟服装展示技术，设计师可以直接在三维人体上设计服装款式，并可以对其进行修改，最后直接生成二维纸样。

服装虚拟设计与展示平台的出现促进了服装业的产业升级和结构化调整，提高了服装制造的效率，使得"多品种、小批量、短周期、快交货"的生产模式成为可能，而这也是国内服装企业面对全球经济一体化和在激烈的国际竞争力下生存发展的需要。

3.1.2　虚拟服装的应用领域

1. 在服装设计制造中的应用

在服装计算机辅助设计和制造领域，三维服装的展示方式显然比传统的二维方式更加生动直观，便于设计师预测服装的最终造型效果，如图3-5所示。设计师可以打破传统的二维思维模式，从三维立体的角度对服装进行前后、左右、上下、里外的观察和设计。在服装造型上，也可以不受表现手法的限制，实现很多创意的想法，能够极大地发挥设计师的想象力和创造力，对于推动服装造型设计有着积极的作用。同时，直观的服装效果表现使后期设计师对服装造型效果的修改和改进都非常便捷，也可以提高服装设计师的设计效率和准确率。

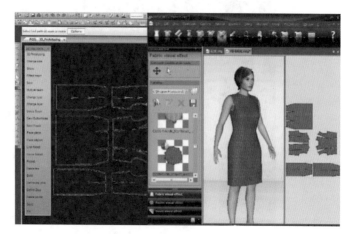

图3-5　服装CAD软件中的虚拟服装展示效果

2. 在服装营销中的应用

随着电子商务的日益普及，虚拟现实逐步被应用于网上销售、客户服务、电传会议及虚拟购物中心等商业领域。它可以使客户在购买前先看到产品的外貌与内在，甚至在虚拟世界中看到如何使用它，因此对产品的推广和销售都很有帮助。图3-6所示为国外一家名为My Virtual Model的电子商务网站上提供的虚拟试衣功能，顾客可以按照自己的身材、肤色、发型定制完全符合自己的试衣模特，然后试穿网站销售的各款服装，满意后再进行交易，这个过程大大增强了顾客购买服装的信心。

图3-6　互联网上的虚拟试衣功能

3. 在文化传媒领域的应用

在数字娱乐和影视作品中总能看到栩栩如生的卡通形象，比如图3-7中展示的精灵鼠小弟、怪物史莱克，还有皮克斯动画公司设计的老爷爷，他们身上服装的实现都涉及虚拟服装技术。

图3-7　影视作品中出现的虚拟服装

4. 在专业教学中的应用

在服装的教学过程中，教师借助三维方式更好地向学生们传授服装造型技术。图3-8是本书作者开发的《旗袍三维交互学习系统》（软件著作权编号2013SR117887），系统利用文字、图片、视频等方式介绍了旗袍的发展历史及制作流程。利用虚拟现实技术完成了一款20世纪30年代经典女式旗袍的三维建模工作，通过交互方式，用户可以对旗袍的领型、袖型、衣长、图案进行修改，从而观察变化后服装的造型效果，如图3-9所示。

图3-8 《旗袍三维交互学习系统》部分功能展示

图3-9 通过"交互设计"得到多种旗袍展示效果

总之，研究虚拟服装对于社会生活有着积极的促进作用。虚拟服装展示技术的广泛应用使三维人体模型、三维服装设计展示及数字T台秀都有了质的飞跃。服装展示过程逐渐从传统耗时的模特试穿转变为虚拟人体着装展示，节约了服装生产各个环节的时间及费用成本。因此，为推进服装行业数字化发展进程，实现服装生产制作流程经济效益最大化，研究人员正在积极有效地深入挖掘虚拟服装技术，努力完善现有的虚拟服装设计及展示系统，提高其在整个服装生产流程中发挥的作用。

3.1.3 虚拟服装展示平台开发现状

　　随着计算机图形学、服装CAD等技术的不断发展，服装的虚拟展示变得更加简单快捷。用户通常只需进入网站或者下载一个应用程序就可实现目标，而这些网站和软件就是服装虚拟展示的平台。目前已实现的服装虚拟展示平台根据使用对象的不同，主要分为面向服装设计师和面向消费者两种。

　　随着消费者要求多元化和时尚产业的迅速更新换代，第一类面向设计师的设计展示平台在人体三维建模、服装建模、实感渲染等方面做了大量准备，将重点放在了简化设计操作、优化服装3D虚拟展示和增强真实感渲染上。例如，CLO3D软件为专业设计师提供精细化设计操作；Browzwear则提供了3D/2D同步工具和资源丰富的虚拟服饰部件库，使设计简化、展示方便。此外，国内外还涌现了不少优秀的类似平台，如EFI Optitex、Tailornova、凌笛Style3D、Marvelous Designer、Browzwear旗下的Lotta等，关于这些平台的具体内容将在本章3.3节中做出详细说明。毫无疑问这些平台为缩短设计周期，实现设计师与顾客间的并行设计提供了极大便利，因此它们在服装行业内的应用程度正在逐渐提高。

　　目前，虚拟服装展示技术也在原有基础上进行了深入的研究探索，让展示系统更加智能化、自动化。今后，虚拟服装展示技术的发展主要体现在以下几方面：

　　（1）服装模型动态模拟。通过深入研究服装动态模拟过程中的数值计算方法，不断提升虚拟服装动态展示效率，构建起精准的碰撞检测模型。在利用虚拟现实技术展示服装期间，确保服装动态展示效果与真实人体展示效果基本一致，确保服装面料动态变形效果更加真实。

　　（2）加强对虚拟服装展示期间服装褶皱处理效果的仿真，直观展现出服装在不同穿着环境下的褶皱形态，对服装结构与服装面料进行不断优化，更好地满足消费者对虚拟展示的需求。

3.2　虚拟服装实现原理

3.2.1 虚拟服装的发展历程

　　首先开展虚拟服装研究的是Lafleur，他用简单的圆锥曲面代表一条裙子，并穿着在一个虚拟模特身上，同时在人体周围生成排斥力来模拟碰撞检测。随后，研究者Hinds和McCartney做了虚拟设计方面的研究工作。在他们的系统中，用三维数字化仪获得人台模型上的三维空间点，然后用双三次B样条曲面拟合得到数字化的人体模型，服装衣片被设计成围绕人体模型的曲面，然后将之展开得到二维衣片，系统中服装衣片是通过几何建模得到的。

　　进入20世纪90年代，对三维服装仿真的研究逐渐兴起，许多计算机图形学界的研究者开始关注这方面的工作，SIGGRAPH和欧洲图形学会议曾多次召开与其相关的专题讨论会，在展示近期新技术成果的同时，也延伸出更广泛、更细微的研究方向。

　　瑞士日内瓦大学的MIRALab实验室在三维服装仿真研究领域处于世界领先地位，其创始人是

N.Magnenat-Thalmann教授。她从1989年建立实验室至今已成功完成几十项相关研究工作，涉及虚拟人体建模、人体动画以及虚拟环境生成等多个课题方向，服装仿真仅为其中的一部分。MIRACLoth是该实验室开发的一个软件系统，用于在虚拟人体模型上构建服装和进行动静态效果展示。MIRALab参与了E-Tailor项目，负责其中的服装仿真软件和基于网络虚拟试穿系统的研发工作。此外，一些公司也开始加入三维服装仿真领域的研究，法国力克（Lectra）公司的"E-design"项目同样是帮助设计师在虚拟环境中进行服装的三维设计，结合二维样板，为虚拟人体模特构造服装，它还能方便地通过网络将设计结果与他人共享，以此提供企业对企业、企业对消费者的远程信息服务。

3.2.2 虚拟服装的研究成果

当前，许多大学和研究机构在开展与虚拟服装相关的研究工作，下面简单介绍他们的研究成果：

1. 欧洲信息与算法研究协会（ERCIM）的"MTM3D"项目

该研究项目是由欧共体合作发展协会（INCO-DC）资助，项目时间是1997～1999年，它的目标是提供一种新的合体服装生成方法，尤其是对那些特殊体型的人群。

（1）他们通过传统量体裁衣方法的研究建立了一套二维衣片的变化规则，使对于特殊体型能提供标准的衣片模型，这组人体模型代表了各种特殊体型的人群。

（2）依据这个标准的衣片模型得到特殊体型的服装衣片尺寸。

（3）人体模型数据被应用于服装模拟软件，实现服装的悬垂效果。系统在服装的悬垂性中考虑了面料的物理性能。

（4）二维衣片被虚拟缝合到人体模型上，并显示了它的最终造型效果，通过与实际服装穿着效果的比对，证明了从标准衣片到适合特殊体型衣片的变化规则是有效的。

总的来讲，该项目将一组特殊体型的人体数据、一套从标准衣片到适应特殊体型衣片的变化规则和一组商业服装衣片集成到了一套服装虚拟设计系统中。该软件的输入信息包括：特殊人体构造信息、服装尺寸、织物类型、服装款式等，最终输出具有悬垂效果的三维服装造型效果。

2. 英国伦敦技术学院的虚拟服装项目

该项目是"Center for 3D Electronic Commerce"项目的一部分，其目标是建立网上虚拟服装店，顾客通过它可以从网上购买服装，了解服装的穿着效果，并将服装的尺寸信息传递给生产厂商。该项目的短期目标是将服装的图片添加到顾客人体图上，以得到穿着效果；长期目标是对服装进行物理建模，这样就可以看到服装模拟的三维效果，这一目标的实现分为静态模拟和动态模拟两阶段。该系统具有如下几点特征。

（1）基于OpenGL图形库，采用有限元的方法建立服装的物理模型。

（2）加入了顶点碰撞功能，采用了基于事件响应的动态语言。

（3）支持动态捕捉功能，输出MPEG4文件。

3. 日内瓦大学的MIRALab实验室

瑞士日内瓦大学的MIRALab实验室在虚拟服装的研究方面处于世界先进水平。MIRACLoth是他们开发的一套系统，用于在虚拟人体上生成三维服装，并使它们随着人体运动起来，从而观察到虚拟服装的动态展示效果。系统实现虚拟服装的思路是借助二维衣片系统创建服装衣片，然后将二维衣片放置到虚拟人体模型周围，随后设置缝合信息并进行虚拟缝合。系统中穿着服装的虚拟模特就像现实生活中的时装模特一样自由动作，图3-10展示了这项先进的研究成果。E-Tailer是MIRALab参与的一项研究课题，该项目的目标是将三维人体测量技术、CAD技术与电子商务技术集成起来构建一个电子商务平台，用于网上服装的出售。MIRALab实验室就创建服装设计和虚拟环境，提出了一个功能强大、机械式基础的服装仿真系统——VLNET系统。VLNET系统走硬件技术路线，基于头盔显示器、耳机、数据手套等设备，在计算机中建立一个以视觉为主导，并结合了听觉与触觉等令人具有真实生活体验的VR世界。

图3-10　MIRALab实验室的研究成果

4. 日本数字时装公司（Digital Fashion Ltd.）开发的DressingSim

三维服装仿真很重要的一项应用就是虚拟展示，例如模拟一场时装发布会，通过舞台场景布置、灯光渲染、模特形象策划和服装风格设计，最终以高度真实感的视觉效果和灵活的交互控制方式向顾客宣传其最新产品，进而有效提高设计师和商家的知名度。与传统的真人时装发布形式相比，虚拟展示可以缩短筹备周期，减少人工成本，而且观看者也能够自由地选择虚拟场景、变换观察角度并随时拉近与模特的距离，做细节上的观察，这些都是以往视频录像媒体形式所不能实现的功能。图3-11是由日本数字时装公司开发的DressingSim技术生成动态三维虚拟展示的效果。目前该公司已经能够利用这项技术进行网上服装表演。

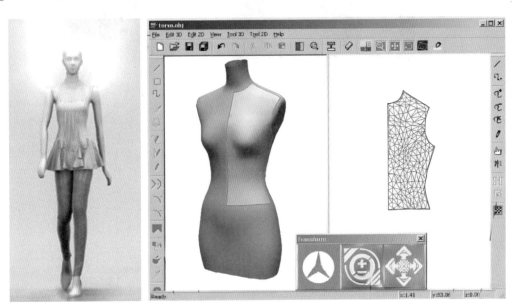

图3-11　日本数字时装公司的研究成果

5. Browzwear 国际公司开发的 V—Stitcher

由以色列 Browzwear 国际公司开发的软件 V—Stitcher 是一种时尚设计和服装模拟软件，它整合了传统服装设计的技术，并添加了功能更强的实效仿真 3D 技术。软件系统内部采用 CAD、CAM 行业标准，能够为时装和纺织工业提供适用于服装设计师、制造商和零售商的新型终端对终端方案。

服装 CAD 行业的典范——美国格柏科技已与 Browzwear 签订了 V—Stitcher 3D 服装设计软件的分销商协议，格柏将为其原有的集成生产系统（GERBERsuite）开发软件接口，实现其样板设计软件与 V—Stitcher 软件的完美结合，从而为格柏集成生产系统拓展更多的实用功能。

目前，已有多家服装企业使用 V—Stitcher，如 Adidas、Nike、Triumph、Russell、Mothers Work、Jansten、Sabrina、Makalot、Ocean Sky 等。V—Stitcher 使设计师可以在栩栩如生的 3D 人体模型上根据 2D 样板创建虚拟服装，允许整个供应链精确地进行产品虚拟和共享资料，而不必制作过多的样衣，这就大大减少了产品确认和生产的时间，也就缩短了产品上市时间，有利于提高企业收益。图 3-12 为 V—Stitcher 软件的工作界面。

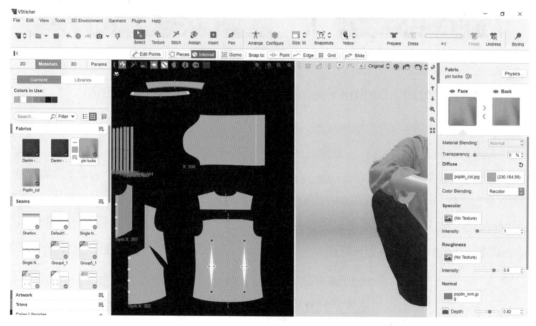

图 3-12　V—Stitcher 软件工作界面

6. 法国力克公司的"E-Design"项目

该项目的目标就是使设计师在虚拟环境中完成服装、内衣、箱包的设计。系统根据用户选定的参数：面料、颜色、尺寸及配件创建三维模型，并将其用于 B2B 或 B2C 的网站上。

7. 韩国 3D 试衣软件 CLO

CLO 系统有两个版本，分别是 Marvelous Design 和 CLO3D。

（1）Marvelous Design 主要用于动漫、游戏及影视领域，致力于高效创建动画人物穿着逼真效果的三维虚拟服装。Marvelous Design 的客户包括 Electronic Arts（EA）、梦工厂（Dream Works Studios）、迪士尼（The Walt Disney Company）等。

（2）CLO3D则主要用于服装领域，为服装企业及高校教学提供服务。近年来，随着软件功能的逐步完善，来自韩国的CLO3D得到了服装企业及服装类高校的广泛青睐。本书"实训篇"中三维服装CAD的练习就涉及了CLO3D的案例。

以上是比较成功的国外研究成果，国内也有一批成果显著的研究机构，它们分别是浙江大学CAD&CG国家重点实验室、东华大学纺织学院、中山大学计算机学院、香港理工大学制衣学院等，他们针对各自的研究重点均取得一定的研究成果，开发出的织物模拟或虚拟服装展示系统也各具特色。

3.2.3　虚拟服装的实现方法

虚拟服装的实现是一个非常复杂的计算机仿真问题，涉及计算机图形学、纺织材料学、服装工程学、力学、虚拟现实等多方面的研究内容，是多学科交叉的研究课题。最初，纺织学界的研究侧重于微观力学特性方面，试图建立织物模型与材料力学参数（如弯曲刚度、拉伸弹性等）之间的精确对应关系，真实再现织物复杂的力学行为。20世纪80年代开始，计算机图形学的研究者开始加入织物仿真的研究中，其研究成果在推进服装CAD、CAM的同时也刺激了计算机动画技术的需求和发展。与纺织学界的研究重点不同，图形学界的研究者更注重织物仿真的视觉真实感和动画的实时性及交互性。

由于服装制作材料在缝合之前只是简单形状的织物，因此就从规则形状织物的变形模拟说起。织物（文中均特指机织物）的结构虽然复杂多变，但都有一个共同点：纱线间存在交叉关系，即由经纱和纬纱按一定的规律交织而成。可以先将织物组织结构抽象为规则的计算机仿真网格，再利用经典的"质点—弹簧模型"实现对这类织物变形效果的模拟，过程如图3-13所示。

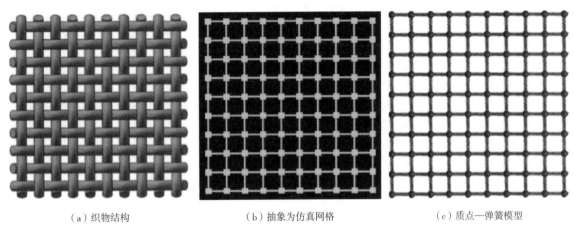

（a）织物结构　　　　　　　　（b）抽象为仿真网格　　　　　　　（c）质点—弹簧模型

图3-13　建立织物的"质点—弹簧模型"

研究者Provot最先提出使用"质点—弹簧模型"（Mass-Spring Model）实现对织物变形效果的模拟。在该模型约束下的柔性织物被离散为规则的四边形网格，网格交点为质点，质点之间以弹簧形式相连，其变形遵循胡克定律。运用牛顿第二定律，列出质点的运动方程，通过数值积分方法求解质点在下一时刻的位置及速度参数。将不同时刻质点的空间位置及运动速度以图形化的方式表示出来，织物的变形效果模拟就基本实现了。经典的"质点—弹簧模型"是一种简化的线性弹性系统，它只能对物体的变形过程作近似的描述，但由于算法容易实现，计算效率高，因而应用范围较广。图3-14为实现织物变形效果模拟的流程图，其中有4个步骤最为重要，需要特别强调和说明。

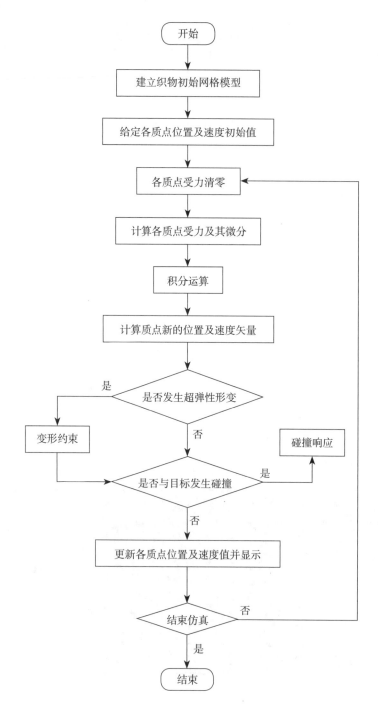

图 3-14　织物变形模拟流程图

1. 步骤 1 建立织物"质点—弹簧模型"

建立一块质点总数为 100（横纵方向各 10 个质点）的织物模型，假定所有质点的质量相同。在不同质点之间起到连接作用的弹簧有 3 种，第一种是结构弹簧（Structural Spring），在横纵两个方向上连接质点；第二种是剪切弹簧（Shear Spring），在 ±45° 方向上连接质点；第三种是弯曲弹簧（Bend Spring），实现跨越一个质点的连接，如图 3-15 所示。三种弹簧共同作用在每个质点上，合力即为该质点所受到的弹力。此处的弹力可以使用胡克定律（Hookes law）来计算，即 $F_s = K_s (l - l_0)$。

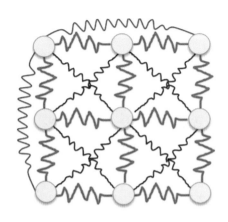

图3-15 "质点—弹簧模型"中三种弹簧示意图

在使用质点—弹簧模型实现织物变形效果模拟的对比中，图3-16（a）是仅使用结构弹簧的模拟效果，不难发现，单纯依靠结构弹簧将四个最靠近的质点联结在一起实现的仿真，由于弹簧变形较大，织物整体呈现出类似渔网的变形效果，与现实世界中的织物变形差异较大。增加模型中的剪切弹簧，使质点与其周围8个临近的质点相联结，在两种类型弹簧的共同作用下，仿真结果如图3-16（b）所示，真实度有所提高，比较接近现实世界中织物两点固定时的悬垂效果。进一步增加约束，使用弯曲弹簧，让每个质点与其周围12个临近的质点相连接，得到的仿真结果如图3-16（c）所示，应该说这是比较理想的织物仿真模型，但是增加了计算时间。

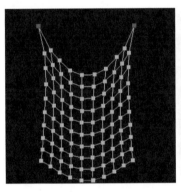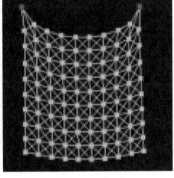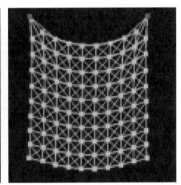

（a）仅使用结构弹簧模拟效果　　（b）使用结构、剪切弹簧模拟效果　　（c）使用结构、剪切、弯曲弹簧模拟效果

图3-16 使用"质点—弹簧模型"实现织物变形效果模拟的对比

2. 步骤 2 计算质点所受合力

对于织物"质点—弹簧模型"中单独的一个质点，其运动状态取决于质点所受合力，即质点在结构弹力、剪切弹力、弯曲弹力、阻尼力等内力以及重力、空气阻力等外力的综合作用下，质点应该呈现出它所代表的那一个小单元的运动轨迹。综合每个质点的运动，就能展现整个系统所代表的织物的变形形态。具体每种力的计算方法可以通过拓展阅读来了解。由于质点的运动规律遵循经典的牛顿第二定律 $F=ma$，那么，在已知合力 F 及质点质量 m 的前提下，加速度 a 是可以计算出来的。

3. 步骤 3 数值积分运算

由 n 个质点构成的"质点—弹簧"模型，质点系的空间位置向量 $X \in R^{3n}$，同样，质点所受合力

$X \in R^{3n}$，质点系质量矩阵为 M，则系统的运动微分方程可以简写为：

$$\frac{\mathrm{d}^2 X}{\mathrm{d}t^2} = M^{-1} F \qquad (3-1)$$

其中 $X = [x_1, x_2, \cdots, x_n]^{\mathrm{T}}$ 为各质点的空间位置向量，$F = [f_1, f_2, \cdots, f_n]^{\mathrm{T}}$ 为各质点所受内外合力。通过引入质点速度向量 $V = \mathrm{d}X/\mathrm{d}t$，上式可以转化为如下的一阶微分方程：

$$\frac{\mathrm{d}}{\mathrm{d}t}\binom{V}{X} = \binom{M^{-1}F}{V} \qquad (3-2)$$

同样有 $V = [v_1, v_2, \cdots, v_n]^{\mathrm{T}}$。求解这个一阶微分方程可以获得质点在下一时刻的运动速度 V、空间位置 X，这样织物变形模拟的问题就被归结为微分方程的数值求解问题。

表3-1中列出的多种求解方法及其改进算法都可以实现该部分的运算，具体实现时可以根据仿真系统的精度、速度、稳定性、易实现性进行选择。

表3-1　各种数值计算方法的比较

分类	算法	计算式	精度
显式	欧拉法	$x_{i+1} = x_i + hf(t_i, x_i)$	1阶
	中点法	$\begin{cases} x_{i+1} = x_i + hk_2 \\ k_1 = f(t_i, x_i) \\ k_2 = f\left(t_i + \dfrac{h}{2}, x_i + \dfrac{h}{2}k_1\right) \end{cases}$	2阶
	4阶龙格—库塔法	$\begin{cases} x_{i+1} = x_i + \dfrac{h}{6}(k_1 + 2k_2 + 2k_3 + k_4) \\ k_1 = f(t_i, x_i) \\ k_2 = f\left(t_i + \dfrac{h}{2}, x_i + \dfrac{h}{2}k_1\right) \\ k_3 = f\left(t_i + \dfrac{h}{2}, x_i + \dfrac{h}{2}k_2\right) \\ k_4 = f\left(t_i + \dfrac{h}{2}, x_i + hk_3\right) \end{cases}$	4阶
	改进Verlet法	$\begin{cases} x_{i+1} = 2x_i - x_{i-1} + f''(t_i, x_i) \cdot h^2 \\ x_1 = x_0 + hf'(t_0, x_0) + \dfrac{h^2}{2!}f''(t_0, x_0) \end{cases}$	4阶
隐式	欧拉法	$x_{i+1} = x_i + hf(t_{i+1}, x_{i+1})$	1阶
	梯形法	$x_{i+1} = x_i + \dfrac{h}{2}[f(t_i, x_i) + f(t_{i+1}, x_{i+1})]$	2阶

Baraff在其经典文章Large Steps in Cloth Simulation中，使用隐式欧拉法逼真地模拟出了一个舞者在运动过程中，舞者形体及其穿着的衬衫及长裙的变形效果如图3-17所示。受当时计算性能的影响，模拟还未能达到实时，但和以往几小时或几天一帧的运算速度相比已经有了很大的进步，这要归因于隐式积分法中较大步长的选取，合适的步长可以降低系统迭代次数，快速达到平衡。这部分内容将在本章【拓展

阅读】中详细介绍。

图3-17　隐式欧拉法在织物动态模拟中的应用效果

4. 步骤4 更新各质点状态并显示

需要注意的是为了计算质点每个时刻所处的状态（包括空间位置及速度），需要提供两个相同的存储空间，分别保存质点当前的状态和下一时刻的状态。每次将模型中所有质点的状态更新完毕并显示在图形界面上之后就立刻将数据从存储空间2复制到存储空间1，不断重复这样的操作，直到仿真结束。下面的伪代码描述了"质点—弹簧模型"实现织物模拟的整个过程。

此后，又有研究者将质点—弹簧模型的弹性系数进行分段线性化处理，以接近织物材质特性，并将之应用到服装曲面的缝合及展开过程中，取得了比较真实的模拟效果。众多研究者针对经典的质点—弹簧模型的改进取得了较好的效果，仿真速度更快，实用性更强。

📖 拓展阅读

（1）cloth1（0 to 9，0 to 9）

（2）cloth2（0 to 9，0 to 9）

（3）For every point（i，j）on the cloth：

MovementVector = Gravity

For each of the 12 neighbouring points（obviously less at edges）

```
SpringVector = ( position in space of neighbour ) - ( position in space of point ( i，j ) )

Length = length of SpringVector

NormalLength = The length SpringVector would be if the cloth were unstretched

Scale = ( Length - NormalLength ) / NormalLength

SpringVector = SpringVector * ( 1/Length )

ForceVector = SpringVector * Scaler

ForceVector = ForceVector * Coefficient

add ForceVector to MovementVector

end of loop

Add MovementVector to cloth1 ( i，j ) and store it in cloth2 ( i，j )

make sure this point does not move inside an object

end of loop

( 4 ) Copy all the values in cloth2 to cloth1

( 5 ) keep doing all this till simulation is finished or paused
```

3.2.4　实现虚拟服装的难点分析

由于织物外形不像刚体那样固定不变，其物理特性带来特殊的模拟困难，如服装的复杂多变性和高度变形性。服装本身是复杂的变形体，多片织物之间需要满足缝合约束，服装特有的结构（省、褶）也需要加以表现，因此服装模拟的复杂度与织物模拟相比有很大的增加。此外，构成服装的织物在材质、组织结构上的不同；人体的运动直接影响服装的视觉效果；复杂的服装还存在分层模拟的问题，这些都给虚拟服装展示带来了困难。目前该领域中较为突出的难点包括以下几点。

1. 建立更细化完整的织物物理模型

织物本身具有非线性的物理特征，严格地说，织物的力学性质是非线性力，存在各向异性，涉及诸多影响因素。如何将织物的各项特性，如刚性、弹性、组织结构等综合到一个数学模型中，是从事织物模拟研究者们始终关注的问题。织物物理模型的建立，不仅是单纯的几何造型过程，而是一个涉及复杂形体几何造型、内部物理属性和空间动态求解的综合性问题。

目前，对织物的模拟大多将仿真对象看作具有线性弹性的材料，因此常会出现超弹性变形的现象。非线性模型虽然能够准确地捕捉织物行为，增强模拟的真实感，但在建立系统应力应变之间非线性关系方面还存在很多现实的问题未能解决。

2. 增强对织物材质特征的模拟研究

虚拟服装展示系统的基础是准确的织物仿真模型，因此增强对织物材质特征的模拟十分重要。目前，国际上常用标准仪器测量面料的物理性能，如川端风格测试系统（Kawabata Evaluation System，简称KES）或 FAST（Fabric Assurance by Simple Testing）系统，通过实验获取伸长、剪切和弯曲等性能数据。模拟系统若能根据面料的以上物理性能建立与真实面料统一的仿真效果，将可以提高展示系统的针对性和实用性。也有研究者通过比较仿真系统的实验数据和录像机所记录的真实织物行为来发掘模拟参数，同时还检验是否存在其他影响模拟质量的参数。

3. 模拟过程中实时性与真实感的兼顾

织物变形存在大应变、大位移和有限旋转的特征，现有的织物模拟方法，无论是基于几何法或物理法都很难同时满足系统对实时性和真实感的要求。很多方法是通过简化计算来提高速度，但它们又都不同程度地降低了模拟质量，如何在保持一定模拟精度情况下提高织物变形模拟的效率是系统面临的一个关键问题。此外，分区域降低真实感可以有效简化运算并且不会大幅降低模拟质量，例如：采用多分辨率方法，对变形较大或接近镜头的位置采用高分辨率的处理方法，Cordiner 和 Thalmann 基于此理念进行了实践。随着计算机硬件的发展和仿真模型的不断优化，也许在不远的将来能够真正实现逼真的实时服装动态模拟。

4. 快速精确的碰撞检测和碰撞响应

当模拟服装模拟穿着在人体上的真实效果时，会遇到大量的碰撞现象，即衣片同人体之间以及衣片自身间的碰撞，只有很好地解决这类问题，才能逼真地完成虚拟服装展示的功能。借助以往众多刚体间碰撞检测和响应的研究成果，探讨如何将其应用到织物和人体这组特殊的仿真对象中是很多研究者正在攻克的难题。

3.3　三维服装模拟技术

本章通过 3.1、3.2 节系统介绍了什么是虚拟服装，虚拟服装的发展情况、应用领域、研究成果及实现原理等，对于大多数学习者而言，不可能从底层的计算机图形学研究做起，因此利用一些已有的应用软件实现虚拟服装是非常必要的。本节将详细介绍目前主流三维服装 CAD 软件中的两个典型代表——CLO3D 和 Style3D。

3.3.1　CLO 系统

CLO 系统是韩国的 CLO 虚拟时装公司推出的，它的功能强大，可以使设计师在自定义的虚拟模特上进行设计、缝制，通过简单的操作，就可以模拟服装的三维效果。

1. CLO 系统的版本

CLO系统有两个版本，分别是Marelous Designer和CLO3D，虽然二者的核心技术是相同的，但是Marvelous Designer（简称MD）致力于更快更容易地创建效果逼真的3D服装，因此被广泛地使用在影视、游戏和CG等领域，目前最新版本为Marvelous Designer 10（图3-18）。而CLO3D则更着重于处理服装和服装制作，因此通常用于服装设计开发流程中。它们最显著的区别就是只有CLO能够导入DXF文件这种通用的CAD数据文件格式，而Marvelous Designer是不能导入DXF文件的。

图3-18　Marvelous Designer 10.0

CLO3D还可划分两个版本，一个是CLO Enterprise，另一个是CLO3D Modelist（图3-19）。相对比较而言，CLO Enterprise版本面向服装企业，功能更加全面；CLO3D Modelist是工作室版，功能不够全面，目前已经停止更新。最新的CLO 6.0版本是从CLO Enterprise延伸开发出的Standalone版本，如图3-20所示。

图3-19　CLO3D Modelist

图3-20　CLO 6.0

2. CLO 的下载

打开CLO3D的官网：http：//www.clo3d.com（图3-21），可以在帮助中心菜单下找到"下载"选项，单击后进入下载页面，如图3-22所示。用户可以根据自己的需要选择不同的CLO版本，除了可以免费试用30天的试用版之外，分别有针对个人和企业的两种选项，只要用户单击自己使用的操作系统下方的"DOWNLOAD"（下载），即可下载对应的软件安装包。

图3-21　CLO官网首页

图3-22　CLO3D下载页面

3. CLO3D 的工作模式

CLO3D 从 6.0 版本开始提供九种工作模式，分别为模拟模式、动画模式、印花排放模式、齐色模式、面料计算模式、模块化模式、UV 编辑模式、查看齐码模式和物料清单模式，如图 3-23 所示 CLO 工作模式。

图 3-23　CLO 工作模式

（1）模拟模式，可以在 2D 板片窗口制作编辑板片，也可以在 3D 服装窗口里给虚拟模特穿着服装，播放姿势动作。

（2）动画模式，可以录制服装动画或者播放并编辑已经录完的动画。

（3）印花排放模式，在 2D 中展开的面料排板后，可以在 3D 检查结果，也可以检查面料用量。

（4）齐色模式，可以一套服装运用多种颜色组合。

（5）面料计算模式，可以制作面料物理属性。

（6）模块化模式，可以板片模块组合，还可以自由修改设计。

（7）UV 编辑模式，可以创建材质（例如板片、纽扣和拉链）的 UV 贴图，并使用法线图、高光图、金属图和 Alpha 贴图进行烘焙。

（8）查看齐码模式，可以在同一个画面将不同尺码的服装进行对比。

（9）物料清单模式，可以根据面料、纽扣和扣眼的数量和价格估算所需成本。

4. CLO3D 的窗口组成

图 3-24 所示为 CLO3D 窗口组成，在模拟模式下，在界面左上方是主菜单，里面集成了 CLO3D 绝大部分的功能与命令。除此之外，窗口的构成里面有用来制作 2D 板片的 2D 板片窗口，可以把制作完的板片穿在虚拟模特身上，有显示模拟效果的 3D 服装窗口、显示物体目录的物体窗口、设置板片和服装属性的属性编辑器，还有可以直观方便地从软件里管理加载文件的图库窗口。

在 3D 服装窗口上方，是 3D 视窗工具栏，其中包含 3D 着装工具、安排工具、虚拟模特工具等大部分 3D 模拟的工具按钮。

在 2D 板片窗口上方，是 2D 视窗工具栏，其中包括板片设计工具、2D 纹理设计工具和缝纫工具等 2D 设计工具按钮。

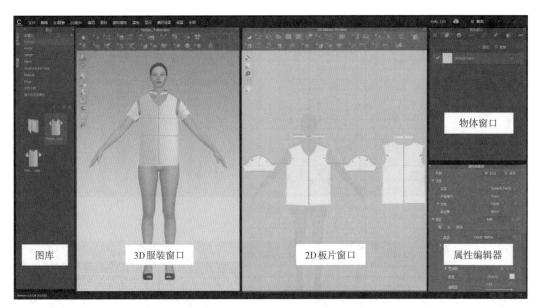

图3-24　CLO窗口组成

5. 虚拟模特

CLO 6.0提供五种默认的虚拟模特（图3-25～图3-30），它们是Female_V1（Emma）、Female_V2（Feifei）、Male_V1（Dario）、Male_V2（Thomas）、Kid_V1（Milo和Isla）。可以直接在图库窗口中加载不同类型的模特，设置他们的发型和鞋子，还可以调整虚拟模特的姿势。

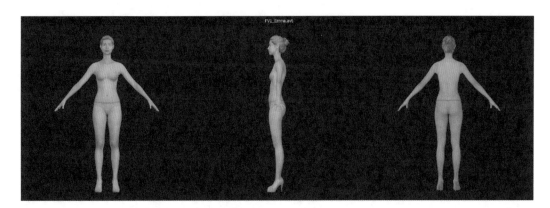

图3-25　Female_V1 Emma

图3-26　Female_V2 Feifei

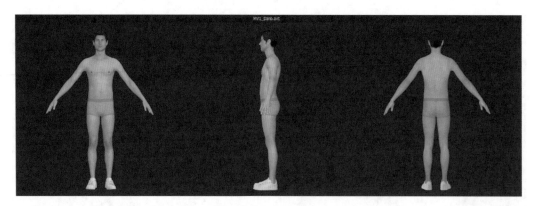

图3-27　Male_V1 Dario

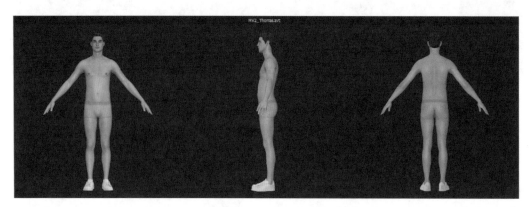

图3-28　Male_V2 Thomas

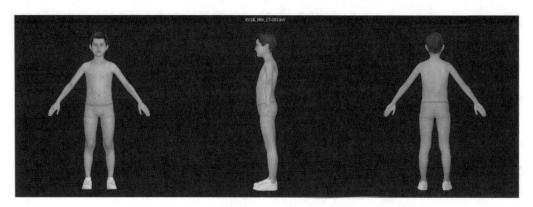

图3-29　Kid_V1 Milo

图3-30　Kid_V2 Isla

在主菜单中打开"虚拟模特-虚拟模特编辑器"（图3-31），在弹出的虚拟模特编辑器对话框里设置虚拟模特尺寸。在此对话框中，既可以修改虚拟模特全身的高度（身高）和宽度（一般指胸围周长），也可以修改虚拟模特细节尺寸，例如颈围、臀围和腿围等。使用者可以根据自己的实际需要设置合适的虚拟模特尺寸。

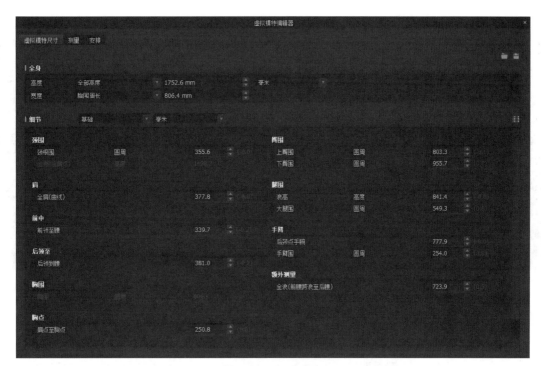

图3-31　虚拟模特编辑器

6. CLO3D 的使用流程

使用CLO3D进行三维服装设计和模拟，通常是在二维衣片的基础上进行的，二维衣片的创建不仅可以使用CLO3D的2D板片视窗，直接进行板片设计，还可以借助其他服装样板CAD软件进行设计，进而导出通用的DXF文件，然后在CLO3D中导入并使用。

在CLO3D中可以对导入的二维衣片进行点线编辑、样片复制、粘贴、旋转等多种操作，继而根据设计进行线缝纫和自由缝纫，最后模拟出穿着的效果。

3.3.2　Style3D

Style3D是浙江凌迪数字科技有限公司自主研发推出的服装产业3D数字化服务平台，包含从3D设计、推款审款、3D改板、智能核价、自动物料清单（BOM）到直连生产等功能，为服装品牌商、原厂委托设计（ODM）商、面料商等提供了从设计到生产全流程的数字研发解决方案，极大地缩短了服装产品的研发周期，提高了服装产品的研发效率。

1. Style3D 软件的获取与安装

在计算机浏览器网址栏输入www.sukuan3d.com进入登录界面，新用户需要先注册，注册后输入手机号和密码登录。登录后进入速款平台首页（图3-32），鼠标点击"开始免费设计"网页，自动跳转至"设计中心"（图3-33）。在"设计中心"网页左侧的类目栏找到"软件工具"，在软件分类页面用鼠标点击"Style3D服装设计建模软件"进入软件下载页面，如图3-34所示，点击"立即下载Style3D建模软件"下载Style3D软件安装包。

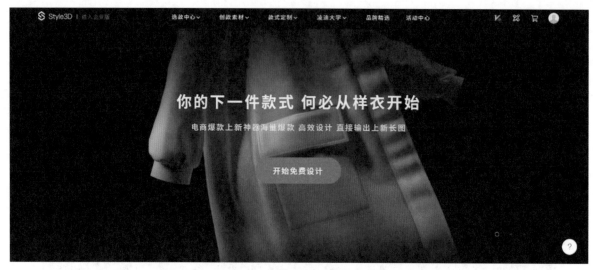

图3-32　速款平台首页

图3-33　设计中心

图3-34　软件下载页面

　　找到下载的Style3D软件安装包，鼠标双击即可以进行安装，安装完成点击"立即体验"，如图3-35所示，弹出软件登录页面，输入速款平台注册时的手机号和密码点击登录，即可进入软件界面。

图 3-35　Style3D 安装完成

2. Style3D 的界面

Style3D 界面整体右侧比较大的视窗为 2D 板片视窗，左侧比较大的视窗为 3D 服装视窗。2D 视窗可以通过鼠标滚轮，进行视角放大或缩小，按住鼠标滚轮可以自由拖动视窗位置；鼠标放在空白位置按鼠标右键可弹出更多功能操作；3D 视窗一样可以通过鼠标滚轮放大或缩小视角，按住鼠标滚轮可以自由拖动视窗位置。

3D 视窗左侧视窗为场景管理视窗，它包含场景页、素材页、素材库、记录页。其中场景页以树状结构展示项目中所需内容；素材页以缩略图样式展示工程中涉及的素材样式；素材库页包含系统提供的预设素材，包括纹理、模特等；记录页会包括对服装状态的记录。2D 视窗右侧的视窗为属性编辑视窗，界面上方左侧为菜单栏，其下方是操作工具功能栏，它包含文件、开始、板片、素材、测量、显示、设置七个功能页，分别放置相应的功能。操作工具功能栏下方的小栏为工具操作提示栏；界面右侧最上方为用户名称和界面切换工具，如图 3-36 所示。

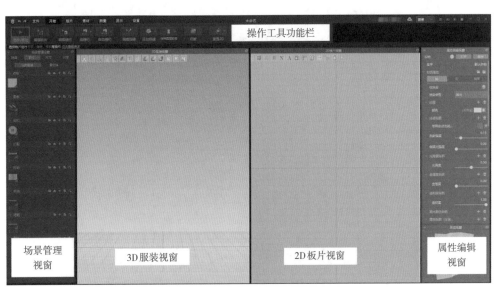

图 3-36　Style3D 工作窗口

3. 虚拟模特

Style3D软件同样提供多种虚拟模特为用户使用。在场景管理视窗的素材库中，可以看到"虚拟模特"的选项，用鼠标单击此选项即可显示当前系统中所提供的所有虚拟模特，如图3-37所示。双击需要的虚拟模特，便可以在3D服装窗口打开或者添加此虚拟模特。

与CLO3D一样，虚拟模特的尺寸也可以进行编辑。方法是：单击3D服装视窗中的虚拟模特，即可在右侧的属性编辑视窗中看到虚拟模特的所有属性，如图3-38所示；单击"编辑虚拟模特"，即可打开虚拟模特编辑对话框，进行虚拟模特的全身与局部尺寸设置。图3-39所示为Style3D虚拟模特编辑窗口。

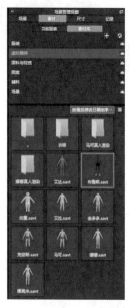

图3-37　Style3D的虚拟模特

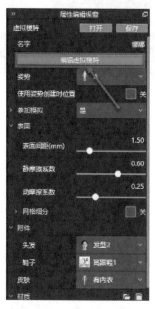

图3-38　Style3D虚拟模特属性

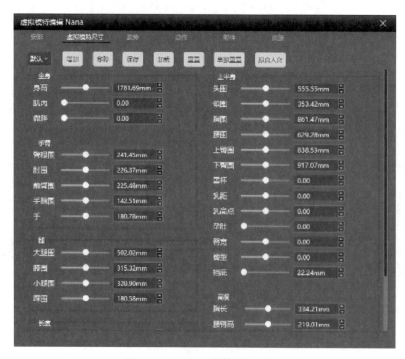

图3-39　Style3D虚拟模特编辑窗口

4. Style3D 操作流程

Style3D 的操作流程主要分为：导入 DXF 文件，编辑、安排和缝纫，模拟和相关流程导出。

（1）导入 DXF。从外部导入服装板型通用格式 DXF，以获取 2D 板片。

（2）编辑。对板片进行增、删、改、查操作，调整板片到所需形态。

（3）安排。将板片摆放至适合模拟的位置。

（4）缝纫。在板片的边上建立缝纫关系，使模拟时板片能按照要求缝纫。

（5）模拟。将板片以面料形态进行仿真，调整服装形态。

（6）保存工程。将生成的 3D 服装保存，以及输出相关所需文件。

3.4 虚拟服装面料设计与模拟

众所周知，选择合适的面料是进行服装设计及加工制作的基础，因此，当人们使用三维服装 CAD 软件进行虚拟服装设计时，除了关注服装的款式与工艺，还需要关注的重要环节就是数字化面料的设计与模拟。在计算机中不仅需要表现织物的物理特性，比如悬垂性，还需要从外观上考虑织物的纹理与质感，以提升三维服装的真实感。真实感图形学是计算机图形学中的一个重要组成部分，基本要求就是在计算机中生成三维场景的真实感图形、图像。

3.4.1 计算机图形学的相关概念

通常，人们在真实世界中对外界的视觉感知需要经过以下四个物理过程：首先，太阳光与其他光源（天然或人造光）发出光；其次，光与场景中的物体相互作用，其中部分光线被吸收；再次，部分光散射开来向新的方向传播；最后，光被人眼感知。

1. 颜色的概念

人们在感知光线强弱的同时，还会感知不同的颜色。美国光学学会（Optical Society of America）的色度学委员提出，颜色是除了空间的和时间的不均匀性以外的光的一种特性，即光的辐射能刺激视网膜而引起观察者通过视觉而获得的景象。在我国国家标准 GB 5698—85 中，对于颜色的定义是：颜色是光作用于人眼引起除形象以外的视觉特性。从上述定义可以得出，色彩感觉的形成需要四大要素，即光源、彩色物体、眼睛和大脑。

2. 光照明模型

为了模拟真实世界中光照射到物体表面时，物体对光所产生的反射、透射、吸收、衍射、折射和干涉等现象，可以建立一些数学模型来取代复杂的物理模型，这就是光照明模型。常见的光照明模型有平滑着色（Flat Shading）、高洛德着色（Gouraud Shading）和冯氏着色（Phong Shading）等，如图 3-40 所示。平滑着色模型，简单来讲就是一个三角网格面使用同一个颜色，真实感较差。高洛德着色模型是将每顶点求值后再计算线性插值，光强度变化均匀，高光效果不明显。冯氏着色模型是对着色方程进行完全的像素颜色求值，因此内部高光效果明显，但是明暗变化缺乏层次感。

图3-40　光照明模型
（从左至右依次为平滑着色、高洛德着色和冯氏着色）

3.4.2　纹理与贴图

1. 什么是纹理

用简单光照明模型生成真实感图像，由于表面过于光滑单调，反而显得不真实。现实物体表面有各种表面细节，这些细节就叫纹理。

在真实感图形学中，可以用下列两种方法来定义纹理。

（1）图像纹理。将二维纹理图案映射到三维物体表面，绘制物体表面上一点时，采用相应的纹理图案中相应点的颜色值。

（2）函数纹理。用数学函数定义简单的二维纹理图案，如方格地毯，或用数学函数定义随机高度场，生成表面粗糙纹理即几何纹理。

2. 纹理的分类

纹理可以分为两类，一类是颜色纹理，主要表现颜色或明暗度变化体现出来的表面细节，如刨光木材表面上的木纹；另一类是几何纹理，由不规则的细小凹凸体现出来的表面细节，如橘子皮表面的皱纹。

3. 纹理映射

生成纹理的一般方法，是预先定义纹理的模式，然后建立起物体表面的点与纹理模式的点之间的对应。当物体表面的可见点确定之后，以纹理模式的对应点参与光照模型进行计算，就可把纹理模式附到物体表面上。这种方法称为纹理映射（Texture Mapping）。历史上比较有代表性的纹理映射算法，如表3-2所示。

表3-2　经典的纹理映射

年代	算法	思想
1978	Bump Mapping 凹凸贴图	计算顶点光强时，在原始法向量的基础上加上一个扰动
1984	Displacement Mapping 置换贴图	直接作用于顶点，根据移位贴图中相对应的像素值，使顶点沿法向移动，产生真正的凹凸表面
1996	Normal Mapping 法线贴图	首先获得法向量信息，再用对应的RGB值表示法向量的XYZ，利用这个信息计算光的强度，从而产生凹凸阴影的效果
2001	Parallax Mapping 视差贴图	通过视线和高度图的计算，在尖锐的视角处给顶点更多的位移，平缓的视角处添加较小的位移，通过视差获得更强的立体感
2005	Relief Mapping 浮雕贴图	可以更精确地计算出观察者视线与高度的交点，实现更精确的位移

在进行虚拟服装模拟时，为了表现织物的肌理感，通常可以通过设置面料的法线贴图和置换贴图来实现。

（1）法线贴图。现实中的物体表面没有绝对平滑的，往往都表现出无数（凹凸不平）细节。如图3-41所示的光照法线的对比，光线照在每个细小表面，都可以利用不同的与细小平面垂直的法线进行反射，从而使物体表面的细节得到极大提升。这种每个细小表面使用各自的法线，替代一个面上所有表面使用同一个法线的技术叫作法线贴图。

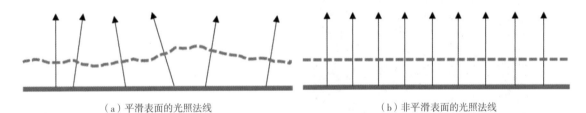

（a）平滑表面的光照法线　　　　　　　　　　（b）非平滑表面的光照法线

图3-41　光照法线的对比

法线贴图直接记录三角面的法线相对光影方向的偏移量在x、y、z三个轴上的分量，是24比特的彩色图，往往呈现出斑驳的紫色。将面料织物的表面通过专业方式生成对应的法线贴图，如图3-42所示，并应用于虚拟服装的面料设置，则会使面料增加肌理感，从而增强虚拟服装的真实效果，如图3-43所示，是将棉质螺纹面料的法线贴图应用于T恤领口而产生的效果对比。

　　　　　　　　　　　　　　　　　（a）未应用法线贴图　　　　（b）应用法线贴图

图3-42　棉质螺纹织物法线贴图　　　　　　图3-43　T恤领口应用法线贴图对比

（2）置换贴图。也称移位贴图、位移贴图。置换贴图应用材质的灰度生成位移。2D图像中亮色要比暗色向外推进得更为厉害，从而产生了几何体的3D位移，如图3-44所示为置换贴图的光照法线。在众多纹理贴图中，置换贴图是唯一能够产生真实凹凸表面的贴图，但是因为它需要额外地增加大量几何信息，因此应用置换贴图，非常消耗性能，在进行渲染时需要耗费多倍的时间。

图3-44　置换贴图的光照法线

置换贴图是一种灰度图，与凹凸贴图相似，当灰度值变白，表面细节呈现为凸出，当灰度值变黑，表面细节呈现为凹入。将一张制作好的灰度图（图3-45）应用在虚拟服装面料上进行模拟，在渲染后可以看到面料表面产生了真实的凹凸效果，如图3-46所示。

图3-45　编者设计的置换贴图　　　　　　　　图3-46　应用置换贴图的织物效果

3.4.3　织物纹理获取与应用

1. 织物纹理获取方式

织物纹理常用的获取方式有两种，一种是扫描获取纹理，另一种是利用专用软件生成织物纹理。

（1）扫描获取纹理需要使用专业的面料扫描仪。操作步骤比较简单，首先对面料小样进行熨烫，熨烫平整后按照要求放入面料扫描仪的面料托盘内；打开系统内的面料扫描软件启动扫描，扫描仪就可以自动扫描面料，从而获得该面料的3D材质贴图；还可以对材质贴图进行拼接和效果调整，达到需求之后即可保存3D材质贴图。

（2）软件生成纹理既可以使用通用的绘图软件（如PS和AI等）直接绘制或制作面料材质贴图，也可以使用专用的材质工具软件（如PixPlant等）根据源图来创建高品质的无缝纹理图片（图3-47）。在进行复合面料或者特殊面料的纹理获取时，通常需要同时使用两种以上的软件共同完成材质贴图的获取。

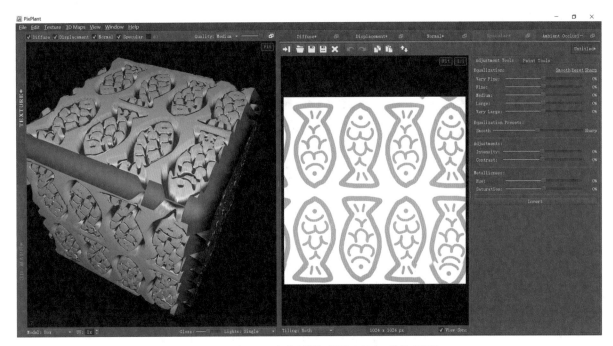

图3-47　在PixPlant操作界面根据源图创建无缝纹理图片

2. 织物纹理贴图应用

3D材质贴图包含纹理贴图、法线贴图、置换贴图和高光贴图等，针对不同的织物类型，需要采用不同的操作方法和软件来获取需要的贴图，从而使服装得到更好的三维立体表现。下面针对素色织物、格纹织物、印花织物和镂空织物，介绍不同织物的3D材质贴图获取的操作方法。

（1）素色织物。顾名思义，就是单色的面料，但是由于面料的特性及工艺特点，往往不是完全的平面，而是有着不同的纹理，比如经纬线编织效果、泡泡纱肌理和褶皱肌理等。以褶皱肌理为例，首先将褶皱原图导入Pixplant软件中，生成四方连续的褶皱纹理，即无缝纹理；然后继续生成对应的法线贴图和置换贴图，图3-48所示为褶皱肌理的3D材质处理。

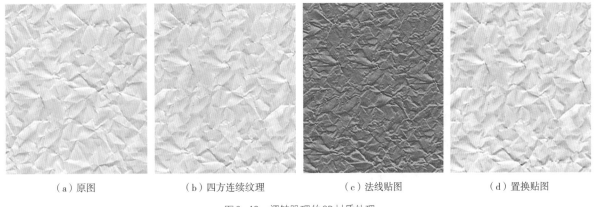

（a）原图　　　　　　　（b）四方连续纹理　　　　　　　（c）法线贴图　　　　　　　（d）置换贴图

图3-48　褶皱肌理的3D材质处理

分别将四方连续纹理、法线贴图和置换贴图应用到3D服装模拟的面料设置中，可以看出，仅仅使用四方连续纹理，表面比较平滑，没有褶皱的凹凸感，而应用法线贴图和置换贴图的服装表面则有比较明显的凹凸感，其中以应用置换贴图的凹凸效果最为真实，如图3-49所示。

（a）应用四方连续纹理　　　　　（b）应用法线贴图　　　　　（c）应用置换贴图

图3-49　应用不同贴图的素色织物效果

（2）格纹织物。格纹织物也是比较常见的服装面料，由于格纹规律排列的特性，通过面料扫描仪或者拍照的方式获取的格纹往往不是四方连续的图案，当应用到三维服装的时候，就会出现比较明显的分割线，这会影响整个服装的模拟效果。因此，需要使用PixPlant软件将其转变为四方连续的纹理，再应用到三维服装的面料设置中，从而获得较好的三维模拟效果，如图3-50所示。

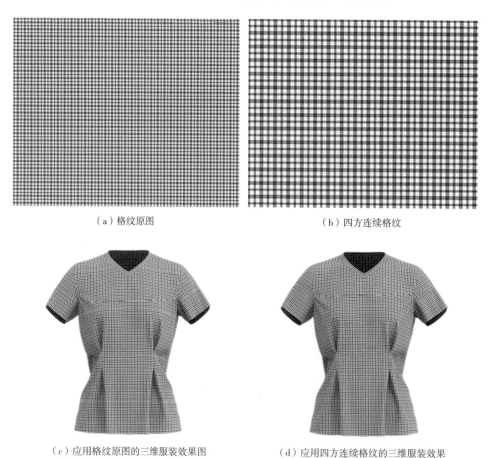

（a）格纹原图　　　　　　　　　　　　　　（b）四方连续格纹

（c）应用格纹原图的三维服装效果图　　　　（d）应用四方连续格纹的三维服装效果

图3-50　格纹原图及四方连续格纹三维服装效果对比

（3）印花织物。普通印花织物的模拟可以参考格纹织物的处理方法，只要处理为四方连续纹理就可以。但是如果还要有一些肌理表现，就需要在此基础之上，使用PS软件添加肌理感，如图3-51所示。

如果需要在印花纹理的同时添加泡泡纱纹理，则需要利用PixPlant软件先将泡泡纱肌理图片处理为四方连续图案，然后将四方连续图案导入PS中，使用"去色"功能和"调节色阶"功能，将泡泡纱肌理处理为黑白图片，再把四方连续的印花图案同样导入PS中，作为一个新的图层，再将图层效果设置为"正片叠底"，即得到具有泡泡纱肌理效果的印花图案，如图3-52、图3-53所示。

（a）泡泡纱肌理原图　　　　　　　　　（b）四方连续的泡泡纱肌理　　　　　　（c）去色后的泡泡纱肌理图片

图3-51　肌理图案处理

（a）印花原图　　　　　　　　　　　　（b）四方连续的印花图案　　　　　　　（c）正片叠底后的印花纹理

图3-52　印花图案处理

图3-53　图层"正片叠底"设置

如前所述，将处理好的印花图案应用到三维服装中后，与处理前有了明显的区别：前者比较单调，而后者带有较好的泡泡纱肌理效果，如图3-54所示。

（a）应用印花原图的服装效果　　　　　　　　　（b）应用处理后印花纹理的服装效果

图3-54　印花图案添加肌理效果对比

（4）镂空织物。镂空织物中蕾丝是最常见的，它是一种网眼组织，最早由钩针手工编织，用于欧美女式晚礼服和婚纱上。现在蕾丝已成为日常生活中的时尚，被广泛地应用在服装、家居等领域，以锦纶、涤纶、棉、人造丝作为主要原料。在三维服装模拟时，如果直接使用扫描的蕾丝图案可能无法体现出镂空的效果，所以，需要先使用PS对蕾丝原图进行抠图，然后使用PixPlant将抠图之后的纹理图导入并生成对应的置换贴图，如图3-55所示，然后应用到三维服装的模拟。

　　（a）蕾丝原图　　　　　　　　　　（b）抠图后的蕾丝纹理　　　　　　　　　（c）蕾丝的置换贴图

图3-55　蕾丝的纹理贴图处理

通过比较几种纹理的模拟效果，可以看出，仅仅使用原图纹理来模拟服装，完全没有蕾丝的镂空效果，将抠图后的纹理应用之后，就可以很清晰地看到镂空的效果了，在此基础上，再应用置换贴图的效果后，其立体镂空的效果则更加真实，如图3-56所示。

  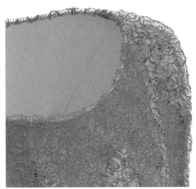

（a）应用蕾丝原图　　　　　　　（b）应用抠图后的蕾丝纹理　　　　　　（c）应用蕾丝的置换贴图

图3-56　应用蕾丝不同纹理贴图的效果比较

📖 拓展阅读（图3-57、图3-58）

［1］Jiang Yan, Guo Ruiliang, Ma Fenfen, et al. Cloth simulation for Chinese traditional costumes [J]. Multimedia Tools and Applications, 2019(78): 5025-5050.

［2］D. Baraff, A. Witkin. Large steps in cloth simulation [C]. Proc. SIGGRAPH, New York, 1998: 43-54.

1. 中国传统服饰的虚拟展示

Cloth Simulation for Chinese Traditional Costumes

Jiang Yan , Guo Ruiliang , Ma Fenfen, Shi Jinlong

Abstract: Cloth simulation has received much attention recently due to its commercial potential. It can be used for virtual try-on systems, digital films, games and cultural heritage applications. In this paper, we present an interactive multimedia system for Chinese traditional costumes based on two key technologies. One is cloth simulation based on a fabric parameter algorithm, in which a BP neural network is constructed to acquire a nonlinear relationship between fabric mechanical parameters and control parameters in a simulation process. The other is an improved Verlet algorithm for implementing systemic numerical integration. The major contribution of this system is that it can facilitate self-study by fashion majors to understand the cutting and sewing features and can provide a learning platform for people who are interested in traditional costumes. This system can fully demonstrate the characteristics of structures of classic Chinese costumes, such as Cheongsam, Qing Dynasty robes and Tibetan clothing. Three-dimensional virtual display technology is used to make and present the ancient garment by using two-dimensional garment CAD software to produce the garment pattern, image processing software to process fabric texture, and finally sewing the three-dimensional clothing. The user study shows that an interactive system based on virtual reality technology has a better intuitional and cognitive visual effect and is feasible for reproducing traditional costumes using digital technology.

Keywords: Cloth simulation, Chinese traditional costumes, Interactive multimedia system, Virtual reality, Digital cultural heritage

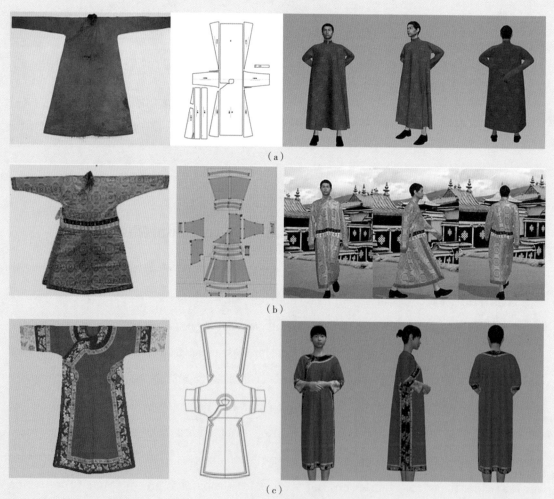

(a)

(b)

(c)

Chinese traditional costumes display effect. Row (a) is a blue geometrically patterned Tibetan robe. Row (b) is the Tian Hua Jin Tibetan official robe. Row (c) is a Qing Dynasty robe. Three columns represent the real of clothing, two-dimensional pattern and final virtual display effect respectively.

图3-57 拓展阅读（一）

（a）Audience participation experience　　　　（b）Virtual fitting effect

The system was exhibited at the China Science and Technology Museum

图3-58　拓展阅读（二）

2. 大时间步长的织物仿真系统

Large Steps in Cloth Simulation

David Baraff , Andrew Witkin

Abstract: The bottle-neck in most cloth simulation systems is that time steps must be small to avoid numerical instability. This paper describes a cloth simulation system that can stably take large time steps. The simulation system couples a new technique for enforcing constraints on individual cloth particles with an implicit integration method. The simulator models cloth as a triangular mesh, with internal cloth forces derived using a simple continuum formulation that supports modeling operations such as local anisotropic stretch or compression: a unified treatment of damping forces is included as well. The implicit integration method generates a large, unbanded sparse linear system at each time step which is solved using a modified conjugate gradient method that simultaneously enforces particles' constraints. The constraints are always maintained exactly, independent of the number of conjugate gradient iterations, which is typically small. The resulting simulation system is significantly faster than previous accounts of cloth simulation systems in the literature.

Keywords: Cloth, simulation, constraints, implicit integration, physically-based modeling.

一、多选题

1. 虚拟服装展示技术可以应用于（   ）领域。

A.服装计算机辅助设计和制造　　　　　B.电子商务

C.数字娱乐与影视作品　　　　　　　　D.服装教学

2. 实现虚拟服装涉及的领域包括（   ）。

A.计算机图形学　　　　　　　　　　　B.纺织材料学

C.力学　　　　　　　　　　　　　　　D.虚拟现实

3. 使用"质点—弹簧模型"（Mass-spring model）可以实现对织物变形效果的模拟。以下

（   ）是"质点—弹簧模型"中所涉及的弹簧名称。

A.结构弹簧Structural Spring　　　　　　B.剪切弹簧Shear Spring

C.弯曲弹簧Bend Spring　　　　　　　　D.链接弹簧Link Spring

4. 下面哪些是CLO系统的不同版本？（   ）

A. Marelous Designer　　　　　　　　　B. CLO3D

C. CLO modelist　　　　　　　　　　　D. CLO standalone

二、判断题

1. 虚拟服装实现的前提是将服装与人体分别数字化。

2. 最早进行虚拟服装的研究机构在中国。

3. Adidas、Nike、Puma等多家服装企业都曾关注并使用过虚拟服装展示。

4. 虚拟服装只能实现静态着装效果展示，不能做人物穿着后的动态模拟。

5. 在数字娱乐和影视作品中不会使用到虚拟服装技术。

6. 利用"质点—弹簧模型"可以实现对织物变形效果的计算机模拟。

7. 用"质点—弹簧模型"做织物变形效果模拟时，可以使用胡克定律计算质点之间弹力
的大小。

8. 在实现织物变形效果模拟的计算机仿真系统中，只能采用欧拉法求解质点的运动微分
方程。

9. 利用虚拟服装技术可以实现对传统服饰的保护与传承。

10. CLO3D为用户提供了三种工作模式，分别为模拟模式、动画模式和备注模式。

第 4 章
智能服装

当今社会，人们对于服装的要求已不仅局限于御寒和美观，而是要求其能感知和响应外界环境带来的变化，具备信息处理和交换的能力，即体现一定的智能特性。近几年，随着智能可穿戴电子产品的爆发式增长，服装作为重要载体之一，成为科技企业和学术研究争相开发的热点领域，也是服装行业的未来发展趋势。在人工智能、大数据、5G通信等新兴技术飞速发展的大背景下，智能服装也将给人类社会的诸多方面带来革命性的影响。

智能服装是复杂的信息载体，它将纺织与服装工程、材料科学、电子信息、计算机工程等多门学科交叉融合形成一个整体，以人们日常穿戴的服装为物理载体，将智能系统以不同形式嵌入其中，使其具有区别于传统服装的特殊功能。

本章将在概述智能服装相关内容的基础上，分别从功能性纺织品和电子纺织品两大领域介绍人们对于智能服装的探索及取得的研究成果。

4.1 智能服装概述

4.1.1 智能服装的定义和分类

智能服装一般是指能模拟生态系统，感知外部及内部环境变化，通过反馈机制做出响应，且保留服装固有风格和服用性能的服装。其主要特点是融合了高新技术，对传统服装功能进行提升，使其可以通过服装本身的反馈机制，对环境及自身条件的变化做出实时反应。

目前，对智能服装的探索主要集中在两个方面，一方面是从纺织材料入手，即对织物本身进行改性，使现有的纤维特性达到增强或拓展，或是利用纤维自身特点及特殊的编织方式为人们提供更多的功能，这部分研究者主要集中在材料科学领域，本章4.2节将详细讲述；另一方面则是从电子元器件入手，将信息技术、传感器技术、芯片技术等应用于服装上，发挥类似电子产品的效果，这部分研究者主要集中在电子信息及纺织科学领域，本章4.3节将详细讲述。

4.1.2 智能服装的发展历程

在人类发展历程中，服装从最初的遮体、御寒、保暖等基本防护要求发展到对多功能服装的追求。功能服装的原理更趋于纺织材料及纺织结构本身所具有的属性，而智能服装是功能服装发展的高级阶段，更着重于服装的感应、反馈、响应机制。智能服装的研究和发展将会给传统服装领域带来巨大的冲击，同时也带来前所未有的突破与希望，甚至跨越到更多行业实现其价值。

在欧美等发达国家，对智能服装的需求也比较早。其相关的电子信息、通信、材料等行业的发展为智能服装的发展奠定了深厚的基础。如20世纪60年代，美国的麻省理工学院就提出了将传感器、多媒体技术和无线通信等技术应用到日常服装上的想法，通过人自身内部及外部环境的变化来调控服装的功能，提升使用者的生活质量。意大利服装公司研发的"懒汉衬衫"可以感知温度变化，随温度变化来调节袖子长短。日本钟纺公司开发的随温度变色的泳衣，根据游泳者在水上和水下的温度在三种不同颜色间变化。美国谷歌公司通过与服装企业的合作,实现了将电子元件嵌入导电纤维面料之中,使面料实现了触控、遥控的功能。发达国家在智能服装领域上的研究起步较早,有丰富的经验和成果,相当一部分产品已经比较成熟,但距离人们的实际需求和广阔的市场空间而言,还有很多值得研究的内容。

我国对智能服装的研究起步较晚,起点较低,最初的智能服装主要靠国外引进,运用在医疗、航天、军事等特殊领域。例如,在航空航天以及军事医学领域,通过在服装中嵌入电子传感器来监测穿着者的生理信号,这是将生命信息检测技术与可穿戴技术结合。如今,我国的经济水平不断提升,科学技术不断进步,人们对智能服装的需求相应也增多起来,例如,运动防护类服饰已经成为人们日常锻炼的必需品。

在过去的几十年中,全国许多高校及优秀企业在国家政策的鼓励下,积极参与智能服装材料、电子柔性器件设计、智能系统组织及智能材料加工等技术领域的研究,取得了丰硕的成果,国内研究与国际智能服装先进水平之间的差距正在逐步减小。

4.1.3 智能服装的应用领域

目前,智能服装具有各种各样的功能,根据其应用领域可以大致将其划分为生活娱乐、运动健身、医疗健康和军事装备四个大类。

1. 生活娱乐

生活娱乐领域的智能服装主要是为了解放人们的双手,将生活中的各环节逐步智能化,增强人们对服装和生活的体验感。例如,韩国三星C&T时尚集团推出Smart Suit理念,在男士西装的袖扣里面内置了NFC芯片,将智能织物融合到了人们的日常穿着之中。英国的Lyle&Scott品牌推出可以支付的夹克外套,其袖子中同样隐藏了NFC芯片,通过手机应用设定支付信息,可在英国30多万个商家处进行支付。谷歌(Google)和李维斯(Levi's)共同开发的骑行夹克,如图4-1所示,通过不同手势实现操控功能,例如:改变播放曲目、更改地图导航位置等。

图4-1　Google与Levi's合作的骑行夹克

近年来,人机交互技术的发展加快了智能服装和虚拟现实技术(VR)的结合,苏格兰Tesla Suit公司发布的体感外套为VR游戏玩家带来更深层的沉浸式体验,如图4-2所示覆盖全身的虚拟现实装备套装,这一整套Tesla Suit设备售价1499美元,用户也可以通过一系列套件为其添加动作捕捉、温度感应、力回馈等功能。

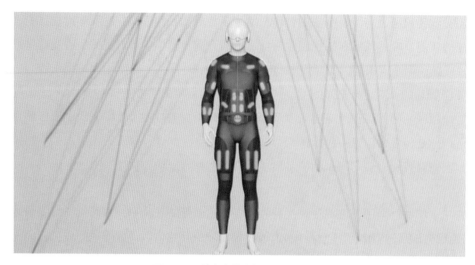

图4-2 覆盖全身的虚拟现实装备套装

2. 运动健身

运动健身类的智能服装是将智能手机、手环中附带的运动健身类功能移植到服装上，它将采集人体的生理信号（心率、呼吸等）、各部位运动情况（速度、方向等）转换成电信号，再经过放大、滤波、干扰抑制等处理后，通过A/D（模拟/数字）转换后，供处理器进一步分析和处理，最终输出结果。这类智能服装根据应用场景可分为日常健身和体育竞技两类。

（1）用于日常健身服装，日常健身类智能服装更加关注使用者的健康情况，实时记录每天的运动量、消耗的热量以及生理参数等，提供个性化的运动计划。例如：小米推出一款与手机搭配使用的智能帆布鞋，可测算用户跑步距离、路线以及跑步时的心率；Omsignal设计一款名为Ombra智能运动胸罩，能记录步数、呼吸频率、心率、热量消耗等数据；Athos智能紧身衣通过内置的肌电传感器监测人体的肌肉纤维活动，让穿戴者了解自身运动强度、心率和运动步数，如图4-3所示；Nflux智能健身衣能实时追踪运动次数、动作范围和力量，将所有的数据传输至虚拟教练查看，并提供实时反馈以指导用户矫正姿势。

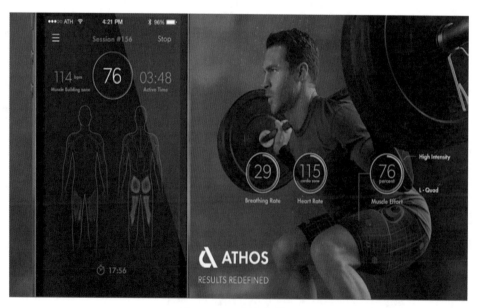

图4-3 Athos智能紧身衣

（2）用于体育竞技服装，体育竞技类智能服装主要应用在田径、游泳、网球、滑雪等体育竞赛中。例如：2014年美国网球公开赛中亮相的拉尔夫·劳伦（Ralph Lauren）品牌智能运动T恤衫，采用三个电子设备实时监测用户的心率、呼吸和热量消耗量等参数，帮助运动员确认自己位置、方位、速度以及纠正肢体姿势；三星开发的智能训练服Smart Suit，如图4-4所示，将帮助冬奥滑冰选手开展日常训练。通过五个精度为毫米级的传感器，收集运动员训练数据，精确计算运动员冰道速滑时的身体位置，将运动员肢体信息反馈到教练手机上，教练可用该程序向运动员的Smart Suit发出振动信号，提醒运动员注意调整动作。此外，篮球、足球等位移频繁的体育项目，智能服装能记录运动员们位移点，以便教练调整方案和策略。

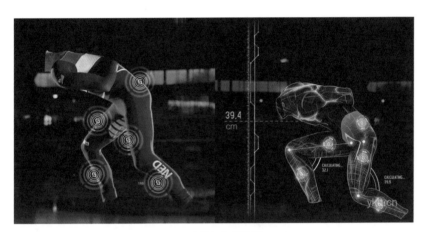

图4-4　三星开发的智能训练服Smart Suit

3. 医疗健康

智能服装在医疗健康领域的应用是服装发展的重大突破，也是医疗监护的福音，从作用效果可分为信息监控、健康管理、特殊人群监护等。

医疗健康类的智能服装有广泛的需求基础，主要体现在人口老龄化与医疗资源供给不匹配，心脑血管、糖尿病等慢性疾病死亡率增高，疾病预防和健康管理需要智能医疗协助多个方面。

医疗健康类的智能服装能实现对人体非介入式、无创的生理体征监测，例如：心电、血压、血氧饱和度、血糖、体温、呼吸等多个参数，在预防和康复阶段都可以起到重要作用。例如：联想集团发布的一款无线智能心电衣，如图4-5所示，它可以对用户心脏进行长期连续的监测和监护，并实时上传数据，实现健康监测和医院后台预警服务。

图4-5　联想集团推出智能心电衣

面向特殊人群的监护服装包括老年人智能服装、婴儿健康监测、智能孕妇装、盲人避障智能服等。智能孕妇装主要是通过对孕妇生命体征的监测实现对孕妇的保护与产前预防。例如：美国康奈尔大学时装设计专业的学生布莱克·尤瑞斯基（Blake Uretsky）设计的一款追踪孕妇生命特征的服装，是在衣服胸前部位的衣料中加入了可导电的银纤维，能将传感器记录的孕妇的体温、心率、血压和呼吸等监测数据通过腰带部位的传输仪器传至移动智能设备，当出现紊乱时发出提醒。图4-6所示的Owlet智能袜，它能记录婴儿的心率、血氧、体表温度及睡眠姿势，以便父母远程实时监控婴儿健康状态。常用的老年人智能服装，例如：太阳能智能服装可为老年人解决保暖问题和为电子设备蓄电；防摔智能服，通过对膝关节的数据测量，及时提醒穿着者；智能鞋，鞋底内置芯片等可方便监护人实时掌握老年痴呆症患者的位置信息。

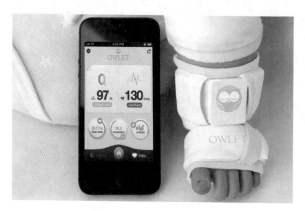

图4-6 可监测婴儿心率、温度及睡眠的Owlet智能袜子

总之，医疗健康类智能服装具有广阔的应用前景，是智能服装未来发展的重要应用领域。

4. 军事装备

军事装备属于尖端科技领域，电子信息技术与军事装备结合，并应用于军事领域的想法由来已久。随着纳米技术的发展成熟逐步得以实现，应用在军事领域的智能服装根据应用场景分为日常监护服装和作战用服装两类。

（1）用于日常监护服装，日常监护类军用智能服装主要是加热服装或降温服装。低温、高湿、低压、紫外线辐射强度大、高风速等环境中，士兵的皮肤、关节、器官容易发生不同程度的损伤。智能加热服能保护极端气候中士兵的身体，减少环境因素对其造成的伤害。相反，当环境温度过高时，需要使用降温服装来实施保护。士兵日常也需要经受严苛的训练任务，体力几乎达到极限，持续高强度训练可能会对士兵的身体造成伤害，因此，智能监测服还能够长期监测士兵生理变化，及时发现异常，防止士兵在日常训练中发生意外，同时可根据反馈数据调整训练方案，更好地发挥每个士兵的战斗力。

（2）用于作战服装，在作战状态下，为适应战场多变复杂的环境，降低被敌人发现的概率，可采用电致变色织物实施战场伪装。俄罗斯Rostec研发了能根据军人所处的环境来改变军服颜色与图样的新型隐形伪装技术，这项技术能模拟复杂的图像，适用于士兵作战训服、坦克、装甲战车等军事装备。为减少士兵在作战中受到的伤害，美国推出多款"勇士织衣"智能作战服，具有质量轻、柔韧性好等优点，能自动调整软硬度以避免士兵受伤，可大幅增强士兵的机动携行和综合防护能力，进而提高士兵的战斗力和生存能力。为降低因踩地雷而伤亡的风险，哥伦比亚Lemur Design Studio公司设计了一款名为Save

One Life的智能鞋垫，如图4-7所示，其原理是将印刷电路组成的金属探测器安装在鞋底，若行走范围内有大块金属的磁场反应，与其配套的手表则会出现红点提示附近的可疑物品位置，告知使用者小心或改变行进方向，以降低伤亡。

图4-7　Save One Life智能鞋垫

　　无论在日常训练还是实际作战中，智能服装在军事领域的应用具有重要意义，它体现了各国在军事上的科技实力。从长远看，伴随着信息技术和新材料、新能源技术的进一步发展，智能服装很有可能成为未来军事系统不可或缺的硬件，成为普通军装或枪械一样的士兵标配。

4.1.4　智能服装面临的问题

　　如今，智能服装仍处于发展的初级阶段，产品款式单一，功能设计以及用户群体认知程度都不够成熟，主要面临如下几个方面的问题。

1. 穿着舒适性

　　由于学科融合度不足，在实现功能的同时，还无法满足服装穿着舒适性。例如嵌入智能服装内部的电子元器件相对体积大、柔软度低，让用户觉得明显的异物感。除此之外，为提高采集数据的准确性，往往选择紧身衣为载体，降低服装穿着舒适性，也妨碍用户日常活动。

2. 耐用性

　　在使用和洗涤过程中，嵌入了传感器、芯片及其他电子元件组成的电路系统要经受水洗、拉伸、弯曲、摩擦等耐用性能考验，电路中任意一处的损坏均能导致服装整体功能失效，影响服装的穿着耐用性能。

3. 数据监测精确度

数据检测的精确度偏低是智能服装普遍存在的难题，尤其在实时采集人体信号过程中，由于智能服装具有随时随地性、便携性和移动性等特点，不可避免地面临采集信号微弱、运动噪声和运动伪迹等干扰因素，会不同程度地造成信号特征点提取的误判和漏判。

4. 安全性

智能服装是跨领域产品，其安全性能涉及服用性能、材料使用安全性、电学安全性、电磁安全性及环境可靠性等多个方面。然而，智能服装未形成规范、完整的测试方法和标准系统，无法确保智能服装的质量安全，在一定程度上降低了消费者热度。

4.2　功能性纺织品

4.2.1　什么是功能性纺织品

功能性纺织品中的"功能"二字是指产品除了具有本身的使用价值外，还为使用者提供了比普通产品更多的功效，例如：阻燃特性、形状记忆特性、抗菌特性、抗撞击特性等。功能性纺织品又被称为产业用纺织品、高性能纺织品，对应的英文描述是Technical textiles、Functional textiles或High performance textiles。

在4.1智能服装概述中曾经提到，智能服装的探索主要集中在两个方面，其中一个方面是从纺织材料入手，即对织物本身进行研究改性，使现有的纤维特性达到增强或拓展效果。由于这些纤维为纺织品提供某种"特异功能"，因此也被称为智能纤维。针对纤维本身的改性研究是近年来智能服装领域的创新重点，例如：芳纶表面经过化学镀银的改性处理，不仅改善了其不耐酸碱刻蚀问题，还具有了良好的抗菌和抗辐射功能，适合加工婴幼儿服装、孕妇装（图4-8）。这种面向特殊人群的抗菌、抗辐射服装就属于基于纺织新材料的智能服装。

图4-8　抗辐射面料及孕妇用防辐射服

4.2.2 智能纤维的分类

智能纤维是指能够感知环境的变化和刺激，例如机械、热、化学、光、湿度、电、磁等，并能做出反应的纤维。智能纤维的开发是面向纺织新材料类型智能服装的关键，纤维的性能从根本上决定了织物的性能，从而决定可以制成何种类型的智能服装。纺织行业"十三五"规划中的重点领域就包括了高性能产业用纺织品，具体包括：战略性新兴产业用纺织品、环境保护用纺织品、健康养老用纺织品、应急和公共安全用纺织品以及"一带一路"配套纺织材料。

实现对智能纤维的加工通常采用以下三种方法。

（1）通过物理或化学的手段赋予天然纤维和化学纤维一些特殊的功能。

（2）对常规合成纤维进行改性。

（3）通过共聚等方法部分改变高分子结构。

在此基础上实现的纤维包括：阻燃纤维、变色纤维、防辐射纤维、抗菌除臭纤维、远红外纤维、香味纤维、导电及抗静电纤维等很多种。

近年来，智能纤维受到行业的密切关注，出现了大批研究成果，相变纤维、变色纤维、形状记忆纤维、抗菌纤维等已经实现了规模化生产，最终制成了服务广大民生的智能服装产品。

1. 相变纤维

相变材料在一定温度范围内，其固态和液态之间可以相互转化。由固态转化为液态时吸收热量，由液态转化为固态时放出热量。相变材料通过吸收和释放热量调节热平衡环境。服装中使用的相变材料，其熔融热温度在20～40℃范围内，凝固或结晶放热温度范围为10～30℃。

目前用微胶囊技术生产的相变材料有Outlast、Comfortemp、Thermabsorb和Cool Vest等，将其应用于服装某些部位，例如：口袋、领子，可以起到降温、保暖作用，适用于运动员、室外作业、高温作业等特殊人员的服装。

2. 变色纤维

变色材料具有特殊的组织结构，当受到光、热、电流、压力、水流或电子束的刺激时，其表面颜色可发生变化。例如，光敏变色纤维。光敏变色是指某些物质在一定波长光的照射下发生变化而在另一种波长的光和热的作用下发生可逆变化，恢复到原来颜色的现象。在越南战争中，为满足美军对作战服装的要求，曾开发了一种可以吸收光线后改变颜色的织物，这是变色纤维较早的应用。随后在提花织物、绣花织物以及印花织物中作为装饰应用较多。

变色纤维能产生变色的主要原因是：在低温结晶状态下，颜色中存在着供电子基和吸电子基之间的相互作用，当温度升高时，吸电子部分融化，涂料变成无色。这种变化除了具有指示温度的作用外，还具有时尚效果，可以应用在安全、防伪、装饰等领域。在服饰上主要应用于军用变色服装、温控变色纺织品、防毒服装、服装防伪标识等，如日本开发的一种温度敏感的织物Sway。

3. 形状记忆纤维

形状记忆纤维是指某种原始状态的制品发生形变后，在特定的外界环境如有热、光、电等刺激下，可恢复初始形状的纤维，主要包括形状记忆合金纤维和形状记忆聚合物纤维。

（1）形状记忆合金纤维。是指当形状记忆合金材料处于被激发温度之下时，很容易发生变形。目前，研究和应用最普遍的形状记忆合金纤维是镍钛合金纤维，例如瑞士生产的镍钛合金（镍含量50.63%）纤维可用于生产隔热服装，例如消防服等。

（2）形状记忆聚合纤维。在法国成功研制了具有形状记忆功能的聚降冰片烯之后，形状记忆聚合物受到广泛关注，各种形状记忆聚合物不断问世。例如，日本开发了聚氨酯弹性纤维Diaplex，这种聚合物的特点是随着温度的改变会出现分子微布朗运动，即当温度高于设定温度时，Diaplex聚合物分子的微布朗运动加剧，分子间空隙加大并产生微孔，可以使水汽分子通过。由于Diaplex在低温时是无孔的，所以具有优良的防水功能。由于具有这些特点，Phoenix公司将它加工成运动服装面料，穿着者在湿热（25℃）的环境下无闷热感，在低温（-25℃）环境下也无寒冷感。

4. 耐撞击纤维材料

以"D_3O"命名的新型材料可应用于防护外界撞击。在正常情况下，分子间的相对运动速度很低，当外界材料受到撞击力时，分子间运动迅速提升，并相互缠结，瞬间形成致密结构，从而形成刚性保护体，缓冲撞击力。基于此原理，以聚氨酯材料为主，其他高聚物材料为辅，可设计新型纺织服装面料，用于制作橄榄球运动员手套、摩托车运动员或登山运动员头部、足部及身体防护类用品。

5. 智能抗菌纤维

美国研制了一种智能聚酰胺纤维，将抗菌剂包藏在纤维内部，可以保证纤维的耐久性和安全性，一般耐久洗涤次数达30次左右。这种纤维与一般抗菌纤维的区别是：无论是轻微活动还是剧烈活动，都可以既不让细菌过度繁衍也避免全部杀死细菌，起到控制人体皮肤表面细菌的正常状态。该纤维制品可应用于体育运动训练服、内衣、袜子等服饰中。

英国博尔顿学院的莫森（Mohsen Miraftab）博士开发了一种新颖的壳聚糖–藻酸盐纤维，在藻酸盐纤维上涂上一薄层分子量较小的壳聚糖制成疗伤服装。源于虾壳的壳聚糖无毒而且具有生物相容性，有利于抗菌，促进纤维原细胞的生长，从而使伤口愈合更快。

4.2.3 智能纤维在服装中的应用

与传统纺织纤维相比，智能纤维集感知和处理信息为一体，类似生物工程材料，具有自我感知、自我修复、自我诊断等智能化功能。智能纤维在纺织服装行业中的设计应用主要体现在以下几方面。

1. 智能变色服装

颜色随着温度的变化而变化的纤维被称为变色纤维。根据变色原理，将变色纤维设计应用于人体特殊穿着环境中，使其跟随外界环境而改变，从而达到保护人体或达到某种特殊需求的要求。

目前，研究人员将目标集中在改变变色纤维的整个光谱，使其智能化程度更深，最终使设计生产出的纺织服装产品具有更高市场应用价值并适应产业化需求。

2. 智能调温服装

微胶囊调温纤维是指将相变材料按照纺织原浆比例制成胶囊形状，并将其植入普通纤维，最终纺成纱线，织成织物，设计成服装。例如，保定雄亚纺织集团与美国安伯士国际集团合作，利用"太空技术"研发出相变调温洛科绒线，使用这种绒线生产出的服装具有"冬暖夏凉"的特性。

此后，多种不同的相变材料制成的微胶囊应用于各种服装和纺织品中，如滑雪服、消防服、海军陆战队服等特殊纺织服装产品。

3. 智能抗菌服装

为了保护人体在特殊环境下免受细菌、微生物的侵袭，将纤维进行抗菌、杀菌处理，从而使最终制成的服装具有杀菌抗菌的保健作用。例如，科研人员研发设计出一种含有"智能聚酰胺纤维"的体育运动内衣，可在运动过程中控制细菌的滋生，同时通过与尼龙纤维混纺增加了内衣的洗涤次数，保障服装的耐久性和抗菌性。由此延伸设计出更多适合于特殊用途的产业用纺织品和医疗用纺织品。

4.2.4 功能性纺织品的应用领域

功能纤维制成的纺织品可以广泛应用于医疗、环保、运动、防护等行业，下面就几个具有代表性的领域进行说明。

1. 医疗领域

基于抗菌纤维设计出的一系列医疗用纺织品是最具有民生价值的。医疗用纺织品要求无毒，不能导致患者过敏，非致癌，消毒过程不影响其物化性能等，因此是极其严格的。医疗用纺织品分为两类。

（1）非移植类纺织品。例如：包扎伤口用的纱布、绑带、敷料等，如图4-9所示，它们最终不会留在人的身体里，只是起到临时辅助治疗的作用。为了更好地帮助伤口愈合，研究者从褐藻中提取有效物质制造了海藻酸钙纤维；从牛皮中提取有效物质制造了骨胶原纤维；从虾蟹壳中提取壳聚糖制造了甲壳素纤维，而这所有的一切努力都是为了患者的伤口可以更好地愈合。

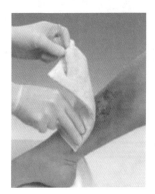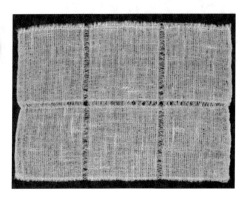

图4-9　非移植类医用纺织品

（2）移植类纺织品。例如：人工血管、人造韧带、人造关节等如图4-10所示，它们最终会成为患者身体中的一部分，因此必须符合生物相容性，即不能与人体产生排异反应。人造血管通常是由聚四氟乙烯（Polytetra fluoroethylene，简写为PTFE）材料机织或针织而成，由于聚酯可加热成褶皱形态，从而更易挠曲。人造软组织由聚酯等具有一定强度的纤维机织或编结而成。目前这些医疗用功能性纺织品正在发挥其重要的作用，挽救成千上万患者的生命，因此这项研究工作也具有非常重要的社会价值。

图4-10　人造血管

2. 运动领域

运动用纺织品是离广大消费者最近的，由于大家每天都要进行运动，在运动过程中需要各种运动服装、运动装备和运动设施，这当中都有功能性纺织品的参与。图4-11是以新型纤维材料为基础研发的智能运动服装，图4-11（a）为曼联主场球衣，由于采用了30%羊毛，70%涤纶的混纺针织物，侧面加入网眼织物以改善透气，因此吸湿排汗效果良好；图4-11（b）为速比涛公司研发的Speedo鲨鱼皮泳衣，74%涤纶，26%莱卡氨纶，0.29mm厚，克重146g/m²，面料中V型凸起可降低水流阻力，同时，高弹模块减少肌肉震动。由于这款泳衣在减轻皮肤和肌肉振动，减少疲劳等方面具有明显优势，受到许多职业运动员的青睐。

（a）曼联主场球衣　　　　　　　　（b）鲨鱼皮泳衣及其纤维结构图

图4-11　智能运动服装

借助举办国际性体育赛事，国内在高性能运动用纺织品的研发中也投入了大量的人力物力。2021年7月，国家体育总局冬季运动管理中心主办了"带动三亿人参与冰雪运动"成果展，北京服装学院以科技助力国家队比赛服的研发，作为项目牵头单位为展览提供了国家短道速滑、速度滑冰、高山滑雪、"堡垒"综合保暖系统、抗新冠防疫套服等多套服装，如图4-12所示。研究团队采用三维人体扫描技术获得运动员人体关键指标及体型特征，并根据服装视觉、板型优化设计方案，采用多种新型高功能面料（抗阻力、新材料、新结构、防切割、抗冲击、智能加热），结合竞赛服装高级定制工艺，研制符合人体工效学的竞赛类服装，改变国家队一直由国外定制的现状。

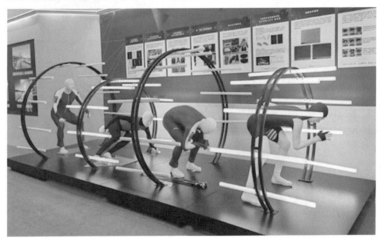

图4-12 "堡垒"综合保暖系统及短道速滑竞赛服等

在运动装备的生产过程中，常用碳纤维、玻璃纤维、芳纶等增强复合材料替代传统的金属、木质结构，从而获得轻质高强的效果。最具代表性的是高档网球拍，山地自行车车架以及高尔夫球杆的杆头等。除此之外，制造热气球、船帆以及游艇船身时也会使用到功能性纺织品。这些运用了新材料制成的运动装备又轻又结实，当然也价格不菲。

3. 防护领域

在军事、治安、消防和工业制造领域，功能性纺织品能够有效减轻碰撞、火焰、激光、子弹、毒气和放射物质对于人体的侵害，因此它们在日常生活中承担起越来越重要的作用。使用芳纶、超高分子量聚乙烯制成的头盔、肢体保护板等具有高模量、高断裂性能，可以有效减轻碰撞给人体带来的伤害，如图4-13所示。

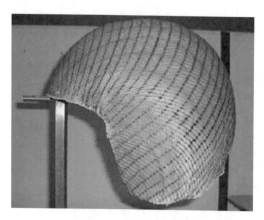

图4-13　高强度头盔及肢体保护板

图4-14是位于多伦多的加里森定制服装公司生产的防弹商务套装。不同于以往我们所见到的厚重的防弹背心，这款套装既时尚大方，同时又可以阻挡口径9mm、5.58mm（0.22英寸）和11.43mm（0.45英寸）的手枪射击。它采用了最新专利的碳纳米管纤维作为内衬，通过纤维断裂应变吸收冲击能量。这种防弹商务套装最适合那些既想保证安全，又想要穿着时尚整洁的人，当然一套2万美金的价格也是与其特殊功能相匹配的。

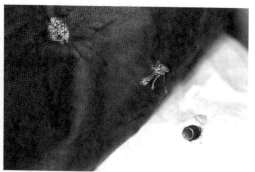

图4-14　防弹商务套装

从功能性纺织品已有应用和未来发展趋势中可以看出该领域的两大重点，一是智能新材料的研发；二是产品质量的不断提升与品类的细化。相比传统纺织服装行业价格越来越便宜，利润越来越透明，同质化竞争也越来越激烈的行业现状，只有通过科技赋能，从面料创新、款式创新、模式创新到产品功能化、智能化的设计。我们相信新技术通过设计创新应用于纺织服装行业，一定会让纺织品的功能属性和社会属性进入新的层面。

4.3　电子纺织品

4.3.1　电子纺织品概述

把电子信息技术与纺织品相结合，这样的想法可谓远见卓识。一方面，这样的纺织品能够用于转换、收集、传递数据，同时还可以储存、传导能量；另一方面，计算机会变得更轻便、灵活，体积小到令人难以置信的程度，甚至还可以水洗。我们将电子技术与普通纺织面料相结合的纺织品称作电子纺织品，如图4-15所示。

图4-15　电子纺织品

4.3.2　电子纺织品的发展与现状

20世纪30年代，许多发达国家就对电子信息类智能服装进行了探索。由于当时的通信技术和电子信息技术不够发达，智能服装的发展不尽如人意。随着时代的进步和科技的发展，电子零部件的体积逐渐缩小，性能却得到了大幅提升，这一改变给予了智能服装新的生机，智能服装不再局限于军工、航天等特殊行业使用，而是逐渐进入人们的日常生活中。

20世纪90年代中期，以麦琪·奥思（Maggie Orth）和瑞米·波斯特（Rehmi Post）为首的研究团队在麻省理工学院媒体研究实验室开始探索如何通过缝纫、刺绣等方法将导电材料与服装面料相结合。他们的研究催生了电子纺织品的出现，同时也是科技纺织面料革命的开始。但早期的电子纺织品只会将传统的电子元件如刚性印刷电路板植入服装内，如图4-16所示。显然，这并不是电子元器件与纺织面料的理想集成方法，由于电子元器件不能随织物一起变形，因此穿着舒适性无法满足顾客的需求。

图4-17是法国ESMOD高级时装艺术学院研发的电子纺织品，图4-17（a）是配有光学纤维的服装，能量来源是一块9V的普通电池；图4-17（b）是配有太阳能电池板的智能服装，其电能有两个作用：一是给手机等电子产品供电；二是用来调节服装的温度。但无论如何，添加了这些实体电子元件的服装并不是顾客们所期望的，因为在理想状态下的电子纺织品应该是让人根本意识不到电子元件在哪里，但却可以自由地享受它所带来的便利。

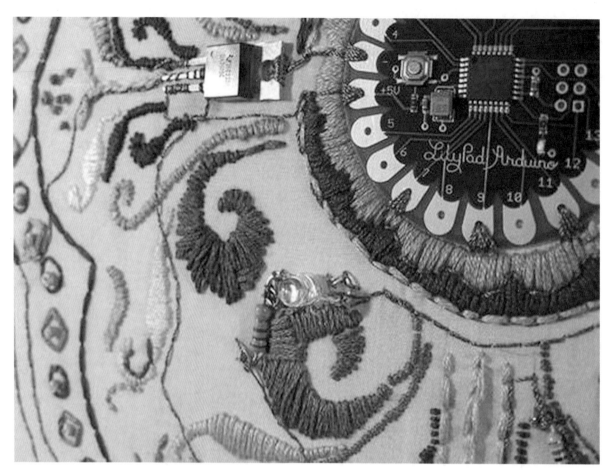

图4-16 早期植入了刚性印刷电路板的电子纺织品

（a）发光服装

（b）智能服装上的太阳能电池板

图4-17 法国ESMOD高级时装艺术学院研发的电子纺织品

2005年，飞利浦公司推出的可以观测运动员运动前后身体变化的智能服装已经在穿着舒适性方面有了明显的提升，它不仅可以准确地记录运动员在运动过程中血压、脉搏的变化、卡路里消耗状况，还可以对这些数据进行智能分析，制订和调整运动计划，以帮助运动员提高运动成绩。

相比国外，我国对电子纺织品的研究起步较晚，但得益于5G技术和交叉学科的快速发展，我国在这方面也取得了很大的进展。复旦大学彭慧胜团队自主研发的全柔性织物显示系统，不仅实现了大面积柔性显示织物和智能集成系统，将显示器件的制备与织物的编织过程相融合，还可以反复弯折、水洗。织物使用发光经线和导电纬线这种独特的搭接结构，使用"限域涂覆"的制备路线，将发光材料涂层均匀、多次负载在柔性高分子材料上，使其可以耐受上百次的洗涤。相关研究成果以《大面积显示织物及其功能集成系统》（Large-area display textiles integrated with functional systems）为题在线发表于国际顶级学术期刊《自然》，引起了国内外学术界的广泛关注。

4.3.3 代表性作品

1. Zac Posen 设计的发光礼服

图4-18展示的发光礼服是来自时尚界最大的Fashion Icon——纽约大都会艺术博物馆慈善晚会Met Gala，电影《国土安全》的女主角克莱尔·丹妮斯（Claire Danes）身着的这条美丽长裙是由设计师扎克·珀森（Zac Posen）设计的。在正常灯光下裙子优雅大气，这条裙子采用的"魔法面料"是含有光纤的透明硬纱，裙内缝制了30个迷你电池提供光源能量。当关掉灯后，发光礼服使得克莱尔丹妮丝马上就成了全场的焦点。

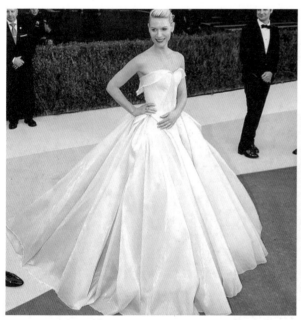

图4-18 Zac Posen设计的发光礼服

2. CuteCircuit 设计的发光服装

英国可穿戴科技公司CuteCircuit在电子纺织品领域声名远播，由其设计的"银河裙"被芝加哥科学与工业博物馆收藏；专门为凯蒂·佩蒂（Katy Petty）拍摄电视节目《美国偶像》而设计的"猫服"，如

图4-19所示；为具有传奇色彩的U2乐队设计世界巡回演出服，每件服装上都有5000多个发光像素点，同步呈现独特的设计及图案，让整场演出更加魔幻。

图4-19　CuteCircuit设计的发光服装

3. 奥地利 Utop 公司设计的发光骑行夹克

由奥地利Utop公司设计的发光骑行夹克（图4-20）利用一组LED灯使自行车夜骑更安全，因此在现实生活中也有广阔的应用领域。和上述骑行夹克功能类似的还有荷兰科学家开发的一款可以连接手机的智能骑行夹克。骑行者只要在手机上设置好导航路线，智能夹克就可以开始按照规划好的路线导航；在智能夹克的背部还装有LED显示屏，通过LED灯光颜色的改变来表征骑行者的骑行方向，从而提醒后方车辆注意避让，保证骑行者夜间骑行的人身安全，减少交通事故的发生。

图4-20　奥地利Utop公司设计的发光骑行夹克

4. 智能服装公司 Athos 开发的智能运动服

智能服装公司Athos开发的智能运动服包括一件长袖上衣和一条弹性健身短裤，如图4-21所示，在服装中植入了 Athos Cere 小芯片和多个肌电传感器，可以监测穿着者身体各部位的运动状态和肌肉疲劳程度等生理数据，这些数据可通过蓝牙发送到用户的手机中。Aaron Belbasis 等人研制了一款可以检测运动员潜在身体损伤的智能紧身衣，其原理是在服装中置入压敏电阻材料，测定穿着者在运动时的肌肉活动状况。

图4-21　Athos开发的智能运动服

4.3.4　电子纺织品的技术难点

电子信息类智能服装的研制，在不同的应用导向下进行了富有价值的探索，从其创新探索的逻辑思考来看，"做加法"是出发点和实现方式，其思维起点是将生命检测前移，试图通过将成熟的生命体征监测技术融合到服装中，从而实现对生命体征数据的实时读取与检测，进而与大数据检测、疾病预测、生命安全警示等传统医学、医疗科学方面的内容相结合，实现服装由传统的"保暖"到"保命"的质变。

该类研究的核心有两点，一方面是生命信息的准确感应，多涉及柔性传感器领域；另一方面涉及传输电路和分析电路的问题，前者主要需要解决电信号传输需求与服装穿用环境条件之间的矛盾，后者需要确保对生物电信号的准确分析，并确保数据分析模型的准确性和科学性。

由于纺织品类柔性材料天然不具备良好的导电或其他满足电路设计需求的性能，在与生物电、电路、微电子科学相结合的过程中，存在着诸多需要解决的难题，主要包括以下几点。

1. 能源供应问题

尽管目前许多电子元器件变得越来越微型化、轻质化，但仍然需要搭配电池使用，以保证能源供应。目前电池存在续航能力不足、体积过大等问题。电池体积过大会降低智能服装的服用舒适性能，随着使用时间的延长，电池还会出现供电不均匀的现象，从而使数据处理准确性以及信号传递稳定性下降。因此，需要进一步提升电池性能和柔性，改善电子纺织品的能源供应现状。

目前，国内针对电子纺织品的柔性电池及传感器研究也取得了较好的研究成果。例如：深圳极展科技（Xtretch）开发出柔性可拉伸的充电电池，具有可弯曲、可拉伸、可折叠，使用安全、容量大的特点，其电量从50毫安时到20000毫安时，是世界上最大电量的柔性电池，也是唯一量产的可拉伸电池，如图4-22（a）所示。布料导线，具有无异物感，可数据传导，且绝缘可水洗，高导电，可拉伸的特征，如图4-22（b）所示。

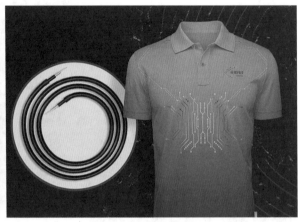

（a）柔性电池　　　　　　　　　　　　　　　　　　（b）布料导线

图4-22　极展科技开发的柔性电子产品

我国香港城市大学和松山湖材料实验室开发的超安全柔性电池，该电池在钻孔、剪裁、水浸、缝纫等操作下都可以保证安全稳定的能量供应，如图4-23所示。这为开发真正安全舒适的可穿戴电子产品、智能皮肤奠定了重要的基础。

（a）钻孔测试　　　　　（b）剪裁测试　　　　　（c）水浸测试　　　　　（d）缝纫测试

图4-23　柔性电池安全实验

2. 制作工艺问题

电子信息类智能服装面料在织造过程中会加入导电纤维、导电纱线或光导纤维，或者服装中会置入一些电子元器件，这些电子信息智能服装材料的存在会加大服装缝制成型的难度。此外，怎样在不损害服装美观性，并保证人体穿着舒适性的情况下，将电子元器件植入服装中，也是一个尚未完全攻克的技术难点。

3. 专业的产品设计

如果希望服装能成为人身体友好的延伸，帮助我们更好地触达外部世界，更好地感知自我，需要专业级产品设计。由于相关科研人员研发产品时通常不是以消费者的需求为目的，服装设计师在设计产品时多以利润为先，缺乏科技创新性，这就需要研发人员和设计师共同努力改进。研发人员应注重于开发减少使用者穿戴负担的产品，将"智能"化沉重改为轻巧，化有形为无形，化有感为无感，真正实现科技与服装本身融为一体，可以随意折叠、洗涤，并像普通衣物一样易于护理；设计师应在设计时考虑批量生产，既要保留产品本身的功能特性，也要考虑批量生产的工艺流程和成本费用，实现与工厂对接，避免让产品仅存在于实验室和各类大赛中，反而经不起市场和消费者的考验。在合作过程中，如何向不同学科背景的研究人员诠释不同的专业知识并融会贯通，也是一个亟待解决的问题。

未来智能服装不仅会给传统纺织服装行业带来冲击，更会给国民经济支柱产业带来强大的经济效益。智能服装的持续研发是科学发展观的要求，更是中国制造的战略实施，也是服装产业转型的重要途径。让服装产业不仅能满足国民需求，更能为国内生产总值做出贡献，摆脱传统纺织行业所面临的行业危机。

📖 **拓展阅读（图4-24～图4-27）**

---

[1]［美］利百加·佩尔斯–弗里德曼. 智能纺织品与服装面料创新设计［M］. 赵阳，郭平建，译. 北京：中国纺织出版社，2018.

[2] 人民日报海外版官网. 北京服装学院揭秘冬奥备战服装设计四个关键技术［EB/OL］. http://m.haiwainet.cn/middle/3544469/2021/0125/content_31966930_1.html，2021-01-25/2021-09-10.

图4-24　拓展阅读

1.访谈：梅丽莎·科尔曼（Melissa Coleman）

梅丽莎·科尔曼既是一名新媒体艺术家、大学讲师、博主，又是"美丽智能面料纺织品"展览等三个智能面料纺织品展览的策划人。她着眼未来，研究人体与科技的关系。她为《时尚科技》撰稿，并在荷兰的海牙、鹿特丹、蒂尔堡、埃因霍温等地的艺术与设计学校任教。为了进一步了解梅丽莎·科尔曼对智能纺织品与电子纺织品两者之间区别的看法，我特意采访了她。我发现，她的想法正代表了当今智能面料纺织品领域最为令人振奋的理念。

（以下是访谈记录）

利百加·佩尔斯－弗里德曼：您能简单地介绍一下电子纺织品的概念吗？能给我们讲讲智能纺织品和电子纺织品二者之间的差别吗？

梅丽莎·科尔曼：电子纺织品是指将电子技术和普通纺织面料相结合的纺织品的总称。在其最理想的形态下（目前尚未研发出），人们应该很难分辨出普通纺织品和电子纺织品的差别，因为电子技术已经成为纺织品结构的一部分。目前，最常见的电子纺织品的形态是带有金属涂层的纺织品。但是，还有很多人正在通过实验来制造能够利用人体活动或太阳能自身产生电流的新型面料纺织品。而智能纺织品，则很难描述其材质和创新点。在一些研究案例中，"智能"可能是指一种高科技纳米涂层技术，而在另外一些研究案例中，"智能"则可能是指纺织品融合了电子和计算机的功能。事实上，"智能"所涵盖的意思是指与普通纺织品相比，包含了更多普通纺织品所不具备的功能。

利百加·佩尔斯－弗里德曼：这些艺术家似乎都在致力探求人体和技术的契合点。您认为那些研究智能面料纺织品的杰出艺术家也是为了这一主题吗？

梅丽莎·科尔曼：艺术作品的功能之一就是为那些社会中已经发生或者即将发生的主题探索营造说法。可以说，任何与纺织品有关的问题都与人体相关。比如，将纺织面料与电子学相结合，就会触及一系列的敏感问题，隐私、亲密接触、表达交流以及其他各种问题。我认为，那些杰出的艺术家会对这样的作品感兴趣，因为它是非常适合的媒介，能够帮助我们探讨以上的话题。

图4-25所示是由梅丽莎·科尔曼和利奥妮·迈尔特合力创作的"圣裙"，是一件能够让你变得更好的智能裙子。它采用了声音认知系统和强度分析技术，一旦探测到穿着者说谎的可能性，便开始发光，而且发光强度会不断增强。若它判断穿着者说了谎话，就会发出最强的光，并且不断地闪烁，还会发出一阵电击，作为对说谎者的惩罚。

图4-26所示是时装设计师侯赛因·卡拉扬为探索"分离、变形理念"采用了将内置技术运用于设计可变形的服装中。

图4-25　圣裙（The Holy Dress）　　　　图4-26　"分离、变形理念"（Disembodiment and Metamorphosis）运用于设计可变形的服装中

2.北京服装学院揭秘冬奥备战服装设计四个关键技术

北京服装学院刘莉教授带领科研团队承担国家重点研发计划"科技冬奥"重点专项"冬季运动与训练比赛高性能服装研发关键技术"，体现"快、护、暖、美"阶段性成果，如图4-27所示。

"快"针对的是短道速滑、高山滑雪等竞速类项目比赛服的综合减阻问题。解决多参数耦合条件下冬季运动竞速类比赛服装跨尺度协同减阻机制。"对于运动员来说，0.01秒都是非常重要的，可能就会拿到一块奖牌"。首都体育馆内展示了多款训练服，首次展出了最新款速滑竞速服，经风洞测试56种比赛服结构、122种减阻面料，根据中国运动员体型、技战术特点设计而成。高山滑雪服装在32m/s风速时的综合阻力比先进国家水平明显进步。

"护"涉及训练比赛过程中服装装备的保护性能。冬季运动项目速度快、环境复杂，运动员损伤风险较大，主要有冲撞和刺割两类损伤，多个研发单位联合攻坚这一课题。在展示的比赛装备中，高山滑雪训练防护服采用新型的柱状阵列式抗冲击结构和新型吸能缓震材料，为运动员量身定制，能有效保护高山滑雪运动员穿越旗门时的抽打伤害；短道速滑比赛服则使用新型的高弹防切割面料，全面保护运动员身体，这是考虑到肌肉压缩、服装减阻功能。

"暖"是冬季项目的普遍需求。2021年崇礼训练基地在1月6日达到1966年有史以来最低温度——零下32℃，体感温度更低，严重影响了运动员训练。对于所有冬季项目都会用到"暖"。刘莉教授介绍，保暖主要通过两种途径：一是提升纤维保暖率，二是智能主动加热技术，把电能量转化成热量。在展示的装备中，"堡垒"综合保暖系统集防风、防水、透气、耐磨多功能高效保暖于一体。装备包含主动电加热护脸、马甲、手套、袜子、坐垫。在−30℃环境下可持续作业180分钟以上，全方位保护人体。

　　"美"的展示呈现了四套花样滑冰比赛服。每一套衣服都是根据运动员参赛时的音乐曲目主题风格、技术舞蹈动作设计，按照运动员身体尺寸融合服装高级定制元素定制。目前正探索融合中国传统技法，充分传达中国文化内涵，展现"四个自信"。目前，刘莉教授的团队连续三季为国家花样滑冰（集训）队双人滑、男单、女单、冰舞项目的22名重点运动员提供比赛服，设计方案424套，制作比赛服70套、表演服99套，多次助力参加世界级比赛，已获得18块奖牌（含金牌）。2019年在国际最大主流花滑论坛Golden Skating中曾获评"最佳比赛服（Best Costume）"。

图4-27　冬奥会高性能比赛服装的"快、护、暖、美"

一、单选题

1. 非移植类医疗用纺织品不包括（　　）。

   A. 纱布　　　　　　　　　　B. 人造血管

   C. 绑带　　　　　　　　　　D. 敷料

2. 移植类医疗用纺织品不包括（　　）。

   A. 人工血管　　　　　　　　B. 人造韧带

   C. 绑带　　　　　　　　　　D. 人造关节

3. 以下哪一项不是未来的电子纺织品对设计师提出的需求？（　　）

   A. 穿着更加舒适　　　　　　B. 更加人性化的人机交互方式

   C. 有效结合可穿戴技术　　　D. 功能完全取代微型计算机

二、多选题

1. 智能服装是多门学科交叉融合形成的一个整体，具体涉及的学科包括（　　）。

   A. 纺织与服装工程　　　　　B. 材料科学

   C. 电子信息科学　　　　　　D. 计算机工程

2. 目前智能服装的主要功能包括（　　）。

   A. 信息采集　　　　　　　　B. 数据传输

   C. 定位功能　　　　　　　　D. 温度调节

3. 智能服装的主要应用领域包括（　　）。

   A. 生活娱乐　　　　　　　　B. 运动健身

   C. 医疗健康　　　　　　　　D. 军事装备

4. 功能性纺织品对应的英文描述是（　　）。

   A. Technical textiles　　　　B. Functional textiles

   C. Performance textiles　　　D. Intelligent textiles

5. 常见的智能纤维包括（　　）。

   A. 阻燃纤维　　　　　　B. 变色纤维　　　　　C. 防辐射纤维

   D. 抗静电纤维　　　　　E. 防紫外线纤维

6. 常见的运动装备用纺织品包括（　　）。

   A. 高档网球拍　　　　　　　B. 山地自行车车架

   C. 高尔夫球杆的杆头　　　　D. 网球

7. 防护类功能性纺织品能有效减轻哪些方面的侵害？（　　）

   A. 碰撞　　　　　　　　B. 火焰　　　　　　　C. 激光

   D. 子弹　　　　　　　　E. 毒气

8.功能性纺织品的应用领域包括（　　　）。

A.医疗　　　　　　　　　　B.环保

C.运动　　　　　　　　　　D.防护

三、判断题

1.目前，针对智能服装的探索主要集中在以纺织材料为主导的智能服装和以电子元器件为主导的智能服装两大类。

2.智能服装的发展已经非常成熟，完全满足人们对智能服装的各项需求。

3.Functional textiles 是功能性纺织品的英文描述。

4.阻燃纤维、变色纤维、防辐射纤维等都是常见的功能纤维。

5.在热气球、船帆以及游艇船身的制造中也会使用到功能性纺织品。

6.采用触摸方式进行人机交互是早期电子纺织品的特点。

7.未来的电子纺织品必须穿着舒适，具备可伸展及可水洗的特性，同时还需要更加人性化的人机交互方式。

8.在服装、帽子、鞋子中嵌入LED灯，同时运用数字交互技术使其呈现出不同图案的技术已经被设计师接受并使用。

9.在电子纺织品成为消费主流之前，必须要克服舒适性、功能性、使用寿命与稳定性等问题。

第 5 章 服装大数据应用

大数据开启了一次重大的时代转型，就像望远镜让我们能够感受宇宙、显微镜帮助我们观测微生物一样，大数据正在改变我们的生活以及理解世界的方式，成为新发明和新服务的源泉，而更多的改变正蓄势待发。

在这样的时代背景之下，大数据在各行各业中的应用变得越来越普遍，例如，在公共卫生、互联网、金融、电子政务、企业管理等众多领域，大数据技术的应用都取得了突破性进展。与此同时，在传统的服装行业也出现了基于大数据的精准数字营销、智能供应链解决方案、数字化服装定制等。

本章将在概述大数据基本知识基础上，介绍大数据在国内外时尚行业的应用情况，并结合服装品牌的案例，介绍基于大数据的快时尚品牌数字营销策略、数字化服装定制等具体应用。

5.1　大数据概述

5.1.1　大数据定义

大数据这个概念最早提出者现已无法得知，但可以考证的是，早在1980年，未来学家托夫勒在其所著的《第三次浪潮》中曾提到这个概念。20世纪90年代，数据仓库之父比尔·恩门（Bill Inmon）也曾提及"Big Data"这个词汇。2011年5月，麦肯锡环球研究院在《大数据：创新、竞争和生产力的下一个前沿》中正式提出了"大数据"这一概念，并深入分析了大数据在不同行业中的应用。2015年8月，国务院印发《促进大数据发展行动纲要》，政策的引导使大数据在中国的发展再次加快了脚步。

传统概念上的数据很大程度上指的就是数字，例如人口、流量、坐标等，而大数据包含了更多类型的信息，如音频、视频、博客的文字、图片内容、商品介绍、销售信息等。"数据"的内容是结构化的，"大数据"则包括了结构化数据、半结构化数据和非结构化数据。对于结构化数据，可以按一定的规律展开数据分析，例如通过某一函数计算人口的增长情况，而对于半结构化和非结构化数据，很难直接从中分析出规律。只有通过对大量综合信息进行模拟和推演，分析评估条件、预测应答结果，并计算它们的概率，最终通过大数据分析找到最优结果。例如：洛杉矶警察局和加利福尼亚大学合作利用大数据预测犯罪的发生；Google曾利用搜索关键词预测禽流感的散布；统计学家内特·西尔弗（Nate Silver）曾利用大数据预测2012美国选举结果等。

一般达到P级别的数据才叫大数据，对于数据存储单位大小的理解可以参看表5-1。

表5-1　数据的存储单位

单位	标识	大小	含义
位	b（bit）	只能存放1或0	计算机存储信息的最小单位，一位只能存放1或者0
字节	B（Byte）	1 Byte = 8 bit	计算机存储信息的基本单位，存储一个英文字母需要一个字节
千字节	kB	1024字节（2^{10}）	存储一页纸上的文字大约是5kB
兆字节	MB	1024千字节（2^{20}）	一首MP3歌曲大约4MB
吉字节	GB	1024兆字节（2^{30}）	一部电影大约1GB

续表

单位	标识	大小	含义
太字节	TB	1024吉字节（2^{40}）	目前个人微型计算机已经出现T级别的硬盘
拍字节	PB	1024太字节（2^{50}）	Google每小时处理的数据为1PB
艾字节	EB	1024拍字节（2^{60}）	全中国人手一本500页图书的信息量
泽字节	ZB	1024艾字节（2^{70}）	巨大数据量

5.1.2　大数据的特点

大数据的本质其实就是海量的数据，它是供发掘信息的原材料，它的特征可以概括为以下几点。

1. 容量巨大

大数据涉及的资料规模巨大到无法使用目前主流软件工具和平台处理，需在合理时间内经过截取、处理，才能整理成帮助企业决策的有效信息。

2. 类型多样

随着科技的飞速发展，大数据已不再局限于"数字"，还包括存储在计算机里的一切信息、视频、音频等。

3. 速度快

大数据的快体现在两个方面，一是产生的快，二是数据处理的快。

4. 真实性高

数据的真实性是成功决策的坚实基础。大数据打破了传统的市场调查模式，让企业收到的资料和数据误差更小，更贴近顾客的真实想法。

5.1.3　大数据的价值

大数据的核心价值是预测，它通常被视为人工智能（Artificial Intelligence，简称AI）的一部分，或者更确切地说，被视为一种机器学习。这种学习是将算法运用到海量的数据上来预测事件发生的可能性。数据越丰富，预测模型和预测结果的准确率也会得到提升。2016年3月，在举世瞩目的围棋人机大战中，Google公司的AlphaGo机器人战胜韩国九段李世石，这正是基于大数据的机器学习算法在发挥作用。

大数据的战略意义不仅仅在于掌握庞大的数据信息，更在于对这些有价值的信息进行专业化处理，通过数据共享、交叉复用后获取最大的数据价值。搜索引擎公司利用用户行为大数据预测用户的潜在点击行为，零售行业利用大数据实现销售利润的最大化，NBA利用大数据分析排兵布阵，足球数据分析可以预测出比赛的获胜方等，所有这些都体现出大数据的价值。

5.1.4 大数据在国内外时尚行业的应用

1. 国外应用

国外时尚行业较早开始尝试以数据驱动方式实现服装零售，例如，2001年成立于美国旧金山的时尚电子商务公司Stitch Fix，该公司利用大数据分析技术和机器学习技术来匹配用户不同的服装需求，为用户挑选符合其个人风格、尺寸和偏好的服饰搭配，将大数据技术渗透到其公司运行的各个环节。

Stitch Fix是一家数据驱动的服装新零售的电商公司，致力帮助用户发现适合自己风格的服装款式，主要服务于没时间逛街、对穿搭不在行、想追逐时尚等特征的用户群体。公司所有销售都来源于推荐，推荐采用的是盲盒模式，用户在收到商品之前是没有预览过的，这样就意味着需要猜用户会喜欢哪些衣服。如果一旦猜错，消耗的将是造型师服务和双向物流的这些真金白银的成本，所以对准确度的要求非常之高。从普通的用户角度看，使用Stitch Fix产品流程分为三步骤，如图5-1所示。

图5-1 Stitch Fix产品流程

首先，用户在注册时回答个人风格问卷，该问卷包括31个大问题，覆盖了用户对服装的风格、颜色、价位偏好以及身材尺寸、派送频率等信息；接下来，用户会收到Stitch Fix寄来的包含5件服装单品的包裹，此外该包裹中还包含一张说明书，用来描述向用户推荐这些产品的理由以及搭配技巧，包裹中的服装搭配是Stitch Fix技术团队根据用户提供的个人信息选择相匹配的造型师，由造型师推荐搭配的商品；第三步是用户的选择及反馈，如果用户购买全部5件商品，将享受75%的优惠，不喜欢的商品将会免费退回，但是如果用户没有选购任何商品，则将支付20美元的设计费。Stitch Fix的平均商品单价约65美元，公司期望在每个盒子中，用户能够保存2件商品。造型师是兼职，薪水为每小时15美元。每小时造型师会完成4个盒子，这样能产生较高的毛利率，以覆盖巨大的开销及库存成本。

Stitch Fix鼓励用户对商品进行多个维度的信息反馈，包括大小、价位、板型、风格和颜色等，而这些数据将用于数据分析师进一步分析用户的个人喜好并进行个性化推荐。为了实现这样的产品流程，Stitch Fix数据科学团队包括：客户团队、推荐团队和库存团队，如图5-2所示。与其他电商的库存管理相比，Stitch Fix的库存情况比较特殊，因为库存商品其实仅占所有商品的40%，有大量的商品存在用户寄回到仓库的路上，或是从仓库寄到用户的路上，这里就需要利用大数据技术做仿真与库存快照，不仅要准确预测用户的需求，还要确保为用户搭配包裹时拥有充足的库存。

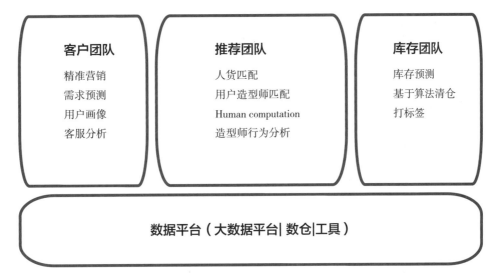

图5-2 Stitch Fix数据科学团队

总的来说，Stich Fix的商业模式以数据为驱动，使用大数据技术为商业过程中的每一个环节赋能，有效支撑用户画像、精准营销、需求预测、人货匹配、用户造型师匹配以及供应链管理，从而实现了其商业模式的成功。

2. 国内应用

iFashion是中国最大C2C平台淘宝推出的时尚穿搭推荐平台，图5-3展示了其应用示例。截至2018年3月31日，大约150万内容创造者在积极支持淘宝，然而有限的人力和不断增大的市场需求之间的巨大差距使得在线零售业对智能时尚穿搭推荐的需求大大增加。为此，阿里巴巴研究人员提出了个性化的时尚穿搭推荐技术——POG（Personalized Outfit Generation），并将其部署在Dida平台用于辅助iFashion应用的时尚穿搭推荐，如图5-4所示。Dida被阿里巴巴超过一百万的运营商广泛使用，每天大约生成600万套高质量的个性化服装推荐。到2019年为止，Dida产生的服装穿搭已被推荐给超过540万用户。

一套好的时尚穿搭应该满足相容性和个性化两个需求，其中相容性是指一套穿搭中的时尚单品之间应该和谐协调；而个性化是指所推荐的时尚穿搭应该符合用户个体的时尚品位。大多数的个性化推荐任务主要依靠用户主动输入，例如用户输入个人喜好、应用场景等信息，这增加了用户的负担，也使得推荐系统无法向大规模的线上应用进行推广。阿里巴巴研究人员基于iFashion收集了来自554万用户对468万时尚单品的12亿次点击和19万次穿搭点击数据，通过对该数据的分析发现，用户点击的穿搭和其最近点击的时尚单品在品牌、风格和款式方面具有较高的相似性。以上分析说明，用户最近点击的时尚单品有很大概率出现在用户点击的穿搭中，反之亦然。因此，用户对单品的喜好和对穿搭的喜好在多个方面是一致的。因此，阿里巴巴研究人员在POG研发过程中提出了将用户的单品点击序列作为其个性化因素，并通过Transformer架构将用户的个性化因素和推荐的穿搭进行连接。POG的系统架构如图5-4所示，基于编码—解码结构实现了Per网络和Gen网络。Per网络用于根据用户的单品点击序列分析用户的喜好

图5-3　iFashion应用示例

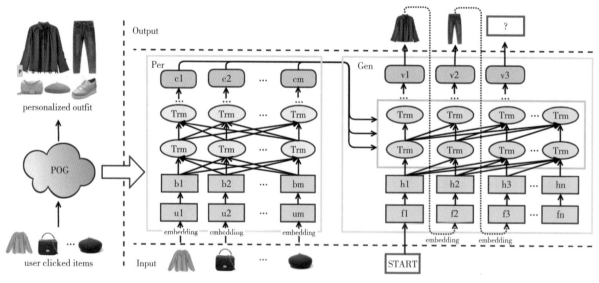

图5-4　时尚穿搭推荐技术POG架构图

信号，该信号输入Gen网络并结合穿搭相容性智能分析为用户生成个性化的推荐搭配。POG的训练测试数据集包括来自Taobao时尚专家提交的101万套穿搭，以及来自iFashion 357万活跃用户的1900万穿搭点击与服装单品点击数据对比。

　　阿里巴巴研究人员基于iFashion平台收集的海量用户点击数据分析出用户穿搭喜好和服装单品浏览历史的关系，并以此为指导思路建立了基于编码—解码结构的个性化服装穿搭推荐网络（POG）。阿里巴巴连续7天的在线广告点击率（CTR）在线实验结果显示，时尚穿搭推荐平台推荐的穿搭比原有推荐方法的在线广告点击率提高了70%，从而为促进电商交易提供了新的解决思路。

5.2 基于大数据的快时尚品牌数字营销策略

5.2.1 快时尚服装品牌现状概述

快时尚品牌的特征即是"快、狠、准"，快时尚始终追随当季潮流，新品到店速度快，橱窗陈列变换频率高。例如，飒拉（ZARA）的商品从设计、试做、生产到销售平均只花三周时间，最快的情形是一周。尽管2019年对于服装行业而言是极为艰难的一年，众多快时尚品牌几近破产，快时尚行业的三大巨头——优衣库、飒拉（ZARA）以及海恩斯·莫里斯（H&M）业绩均受到不同程度的冲击，但是相比2018年而言，快时尚品牌的整体评分却有所提高，这多半得益于大数据及信息化时代，快时尚品牌借助信息技术的优势，通过打造数字化消费模式提升了消费者体验满意度。

大数据具备对海量数据进行挖掘、收集及分析的能力。如果说单纯的数据堆积并不能体现其任何商业价值，那么当数据通过挖掘及分析后可以表现某种趋势或偏好时，数据的商业价值将是巨大的。快时尚服装品牌对于数据极为敏感，快时尚品牌巨头优衣库、飒拉及海恩斯·莫里斯均意识到随着时代的进步、技术的升级，基于大数据进行数字化营销的重要性，它们分别采取了自己的数字化营销策略，如图5-5所示。

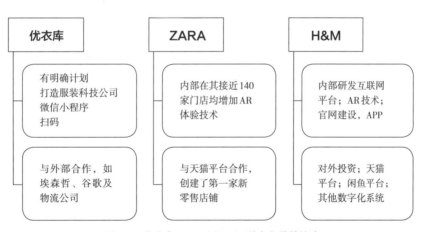

图5-5　优衣库、ZARA以及H&M数字化营销策略

目前，快时尚服装品牌的数字营销策略主要集中在两个方面：一是内部的技术研发，创建自身品牌官网；同时开发手机APP。此外，创立微信小程序也是数字营销手段之一，例如，优衣库在开发手机APP和微信小程序的同时，线下也可以实现扫码营销，从而达到全链路数字营销的目的；二是与电商平台进行合作，以拓宽营销渠道。合作渠道包括天猫商城、京东商城等国内电商巨头。除此之外，创新性的营销思路与营销方案也层出不穷，例如，海恩斯·莫里斯与闲鱼合作，开展旧衣回收，帮助消费者清空衣柜，激发新衣的购买欲望。飒拉与天猫合作第一家新零售店铺，将传统店铺与现代科技相结合，给消费者带来全新的消费体验，实现消费升级。数字化营销对快时尚的转型布局提供了技术支持，快时尚企业在新技术的带动下，已经不再是单纯的服装生产商，而是集技术和生产于一体的科技型公司，如优衣库创始人柳井正已将公司定位为科技公司。

5.2.2 大数据带来精准化的数字营销

企业开展营销的三部曲包括：一是市场细分（Segmentation）；二是企业进行目标市场的选择（Targeting），即企业在细分市场基础上，根据自身优势选择主要服务的客户群体；三是目标市场定位（Positioning），最终让产品在客户心中留下深刻印象，使用户对产品产生忠诚度，三部曲简称STP。这三部曲是环环相扣，层层递进的关系，精准的市场细分是后续目标市场选择的前提和基础，当目标市场选择成功后，如何进行精准的市场营销以获得用户对产品的认可就是快时尚服装企业面临的另一个问题。

大数据利用其技术优势实现对海量数据的挖掘、分析，可以更加精准展现细分市场的情况。快时尚服装企业通过大数据更加精确了解和掌握消费者在某一期间购物的频次。购买频率越高，表明其对品牌的忠诚度越高，在未来与企业达成新交易的可能性就越大。此外，大数据可以精准了解消费者消费金额，按照消费者的购买频率和金额可以更精准地构建用户画像。用户画像中记录着消费者的基本信息、消费习惯、兴趣爱好，因此通过它可以在互联网、手机APP、电商平台上实现对目标客户有针对性的广告投放，实现"点对点"的差异性营销，以提高数字广告营销的效率和成功率。

5.2.3 大数据带来整合性的数字营销

4P理论市场整合营销有四个核心的要素：一是产品（Product），产品作为市场营销组合的第一个要素，意味着任何消费者需求的产品都将是有市场潜力的产品，企业开发产品应当迎合消费者的需求；二是价格（Price），根据企业的市场定位和消费者需求，制定不同的价格策略，产品的价格策略应当符合公司的品牌战略；三是渠道（Place），即产品从生产到销售至最终消费者的过程，企业在通过自有网络进行销售的同时，还应当积极拓展其他渠道；四是促销（Promotion），即企业通过不同的促销活动，吸引和刺激消费者的购买行为。

大数据可以更好地实现4P理论中核心要素的整合。对于快时尚服装品牌而言，利用大数据的优势有如下几点。

（1）借助大数据可以实现对产品的精准定位，通过数据分析结果了解消费者的时尚动向，进而了解消费者的购买需求。

（2）大数据分析结果可以显示消费者的价格偏好，企业根据消费者的价格承受能力及偏好制定价格策略。

（3）对于渠道而言，大数据也可以通过数据呈现的分析结果寻找最佳渠道，清晰了解每个渠道优势、劣势以及可以给企业带来的销量增长情况。

（4）大数据对于促销活动的时机可以提供有力支撑。数字时代，快时尚服装品牌的营销不仅局限于传统的户外广告，而是实现了在计算机、手机移动端以及电视上的多屏同时传播。根据数据链，企业可以更加有效整合内部资源，制定更贴合实际的营销策略，以维持现有消费者的忠诚度并充分开发吸引新的客户群体。例如，优衣库通过大数据分析出"90后"年轻客户的潮流倾向，因此制定出X KAWS"重塑潮流文化，对话潮流艺术"OXO线上线下整合营销计划。该营销计划目的是吸引"90后"年轻新客户，通过与潮流大神KAWS合作推出X KAWS系列UT，成功让该系列UT销售一空。最终，这次 OXO 整合营销的广告覆盖人群高达 1.67 亿人次，官方网络旗舰店主力商品 3 分钟内售罄。产品上市当周，超过目标销售额 280%。公关媒体报道 320 篇，阅读量 9600 万次。官方微博相关博文阅读量超过 160 万，官方微信相关信息阅读量超过 56 万次，社交网站上 UT X KAWS 穿搭数量超过 1 万张，创造了社交媒体热门话题。

快时尚服装品牌一直是引领时尚潮流的宠儿，但是随着整体经济发展速度的下滑，其销量也受到不同程度的冲击。尽管如此，快时尚巨头在互联网技术的浪潮下积极向科技型服装企业靠拢。借助大数据的技术优势加大自身研发投入，加强与电商巨头的合作，希望在大数据技术下不断开发出具备行业特征的数字营销策略，引领时代潮流，实现稳步增长。

5.3 基于大数据的数字化服装定制

5.3.1 数字化服装定制的含义和发展

21 世纪是强调个性化的时代，因而在出席商务谈判、聚会、庆典等社交场合时需要用不同的服饰来体现个人品位或社会层次，于是服装定制逐渐成为一种新的时尚。数字化服装定制 Electronic Made to Measure，简称 EMTM。

传统的线下服装定制需要经过"预约量体、制作、试衣、取货"等流程，一套西装的订制通常需要 1~2 个月的时间才能完成，不仅价格昂贵，服装质量也受制作人技能因素影响很大，也就是说遇到不同水平的制作人员，定制完成的服装质量可能有很大的差别。

2000 年，IST 基金出资约 700 万欧元资助 E-Tailor 项目的推行，在这里欧洲纺织服装组织、德国海恩斯坦研究院、日内瓦大学、法国力克（Lectra）公司等 16 家研究机构历时三年攻关，项目结束时，已经有了大家所熟悉的阿迪达斯（Adidas）、耐克（Nike）、彪马（Puma）等多家著名的服装企业参与使用。

随着计算机数字化技术的发展，服装测量、制板、试衣方面的研究已经取得了显著的成果，形成了由三维人体扫描获取量体数据、二维服装制板和三维虚拟试衣三个要素构成的数字化服装定制技术。尤其是在"互联网 +"新的经济形态下，数字化服装定制简单到只需要一部智能手机，全球客户 24 小时随时下单。部分服装企业已经建立起了基于"大数据、云计算、智能化"的服装个性化定制解决方案。

目前，国内服装定制业的发展初具规模，市场上有雅戈尔、杉杉、报喜鸟、衣邦人、埃沃等定制品牌，但其市场营销还是保持传统营销模式为主，以大规模生产为基础，通过连锁分店来拓展定制业务。随着国内电子商务快速发展，也有部分小型服装定制品牌通过电子商务平台来发展定制业务，例如，恒龙、尚品开发了基于移动端的服装定制 APP，宝禾、伊年、雪虎公司则通过天猫、京东开设服装定制店铺。目前，这些平台的功能还比较简单，主要流程是客户先选择款式，输入服装定制参数，然后进入制造环节。现阶段数字化服装定制存在的问题是：定制平台功能简单，被动运营，消费行为认知能力不足；没有深度分析客户个性需求以实现精准推荐等。

5.3.2　服装数字化定制关键技术

1. 服装 PDS

服装PDS（Pattern Design System）就是服装纸样设计系统。多数情况下，样板设计也可称作服装结构设计、纸样设计、板型设计、制板或打板，而样板也可以被称作纸样、板型、衣片，这些名词，概念上有差别，但在业界使用时常常是通用的。

服装数字化定制要求"一人一板"，不同的客户、款式、面料、工艺，都会使板型不一样，这给板型制作带来很大的挑战，多数服装企业只能减少定制量、增加制板师，有些则使用自动制板的方法。普通PDS除了能提供几何线条、图案的绘制之外，只能提供像省道转移、打褶、放缝份等基本功能，但智能PDS可以提供自动打板的功能，例如，日本yuka公司的产品EX-Order能针对固定的标准化款式进行自动打板，用户只需选择款式、输入尺寸就能得到相应的服装纸样。

目前的智能制板方法主要可以分为三类：第一类利用人工神经网络、模糊逻辑算法等，调用数据库资源生成样板；第二类在3D人体模型的基础上，展平服装曲面获得个性化样板；第三类是基于参数化设计的自动打板技术。对于使用第一类方法的研究，因为受限于特定算法的适用范围，所以不能直接自动生成样板，它往往与参数化方法结合；第二类方法的难点在于如何获取客户的3D人体模型；而第三类方法是应用最广泛的，已有一些基于AutoCAD开发的参数化打板工具。北京服装学院对不同类型的服装PDS进行了持续的研究，详见表5-2。

表5-2　北京服装学院针对服装PDS的研究情况

年份	服装类型	专家知识	程序设计	合作企业	是否申请专利
2005	西装	黎晶晶	邱亮		是
2006	西裤	张金梅	蒋秀英		
2007	休闲装（夹克、衬衫）	赵晓玲	蒋秀英		
2010	第二代西装	王艳辉	胡长鹏		
2013	企业化西装	尹丽芳	胡长鹏、刘玉玉	恒龙	是
2014	衬衫	李静	胡长鹏	恒龙	是
2019	女裤	陈果	王宏翔	朗姿	是

天津工业大学曾建立服装MTM平台网站，其PDS结合了现成服装CAD软件的基准纸样库和放码功能。此外，还构建了男西裤的参数化结构模型，并在富怡CAD上验证了其参数化制板的高效性。

苏州大学曾以男裤的结构、款式分析为基础，通过实验推导了男裤基础样板模型的生成规则，完成了男裤自动打板系统。此外，还针对衬衫MTM提出了样板重构的方法：避开体型分类，直接对人体关键控制部位的尺寸进行号型归档，然后对样板轮廓线进行重构，生成个性化样板。

东华大学研究过牛仔裤、女套装、连衣裙、男衬衫的自动打板，在研究服装款式和结构的基础上，进行服装结构的参数化设计，通过智尊宝纺CAD的柔性模型技术，建立样板部件的模型，再进行参数设置，将柔性模型组合，准确、快速生成不同款式、号型、面料的样板，并且采用虚拟试衣进行了验证。

2. 专家系统

专家系统是一种计算机程序系统，它通过模拟人类专家的方式来解决领域问题。它是拥有大量专门知识与经验的程序系统，可以依照某领域中的一个或多个专家提供的知识与经验，运用人工智能和计算机技术来模仿人类专家的决策过程来做判断、推理，以便在没有专业人员的情况下解决复杂的专业问题。服装领域的专家系统分为服装知识和设计知识两种，前者是服装自身的要素知识，包括服装结构知识、款式分类知识，后者与服装设计的过程有关，包括设计规则知识和设计案例知识。

5.3.3 服装数字化定制具体案例

本节中，我们将以朗姿服装品牌《女裤样板智能 CAD 系统》为例，具体介绍其设计与实现的方法。

1. 按功能划分的系统模块

女裤样板智能 CAD 系统中按照不同功能进行划分的各个模块，如图5-6所示。按照功能细分为三个大模块，有女裤专家知识库模块，包括款式部件库和制板规则库；女裤款式设计模块，包括（部件选择、尺寸规格输入、样板自动绘制）；样板数据管理模块，包括样板编辑修正、样板输出模块及其他功能模块等。其中，女裤款式部件选择、尺寸规格输入、样板自动绘制三者共同实现了系统的核心功能——设计女裤的款式并自动生成样板。此外，女裤样板的编辑、修正、输出等，都是针对样板数据的操作，可以划归到样板数据管理模块中。

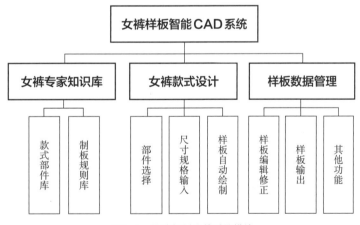

图5-6 按功能划分的系统模块

2. 女裤款式设计的专家知识表示

女裤款式设计的专家知识从整体上将女裤分为 H 型、Y 型、X 型、O 型、A 型五种廓型，如图5-7所示，将女裤款式拆分为裤长、裤襻、裤脚、腰围、前腰头、后腰头、门襟、前褶省、后褶省、前插袋（前嵌线袋）、后袋共11种款式部件。

11种款式部件之间的装配关系需要注意。如果一种部件会影响另一种部件的位置或大小，那么就认为两种部件之间具有装配关系，比如前嵌线袋的位置取决于前省的省尖位置，那么前省部件和前嵌线袋部件之间就构成了装配关系。图5-8展示了女裤的11种部件之间的大致的装配关系。

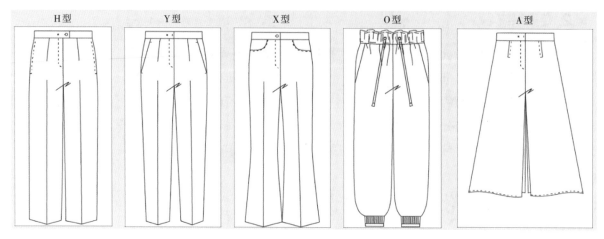

图5-7 女裤的五种廓型

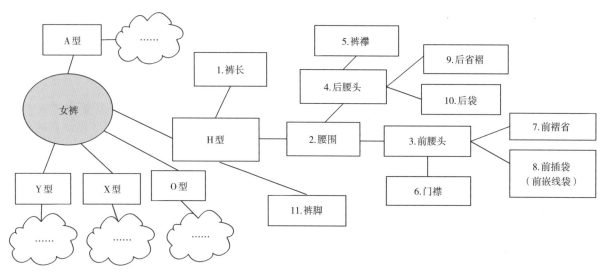

图5-8 女裤款式部件的装配关系

3. 基于参数化的女裤样板绘制

参数化设计将几何关系视为函数，服装结构图中的各种长度、距离、角度、位置等尺寸就是以设计条件为参数的函数值。将服装样板绘制的过程存储在计算机中，也就是按一定的数据结构存储各个结构线之间的几何关系，这样可以使计算机具有可以随时调用事先建立好的女裤设计专家系统。

通过计算机编程，可以将参数化制板步骤编码为程序存储在计算机中。计算机程序是计算机指令的序列，而计算机指令只会处理和读写数据，所以，必须使用参数化制板方法，先对样板的约束进行数据化，然后计算机才能对输入的样板参数进行约束求解，最后将计算结果按照一定的数据结构保存为所需的服装样板。系统实现步骤主要有如下几步。

（1）选择裤子的廓型。

（2）依次选择女裤的11种款式部件，例如，选择：长裤、低腰、延伸宝剑头、鱼嘴后腰头、有裤襻、暗门襟、前片单省、前片斜插袋、后片双省、后片双挖袋、无翻边裤脚，定制界面如图5-9所示。

（3）选择完所有部件之后单击"确定"按钮，输入女裤的裤长、腰围、臀围、立裆深和腰头宽。

（4）根据前面的款式设计需求自动生成女裤样板，如图5-10所示。

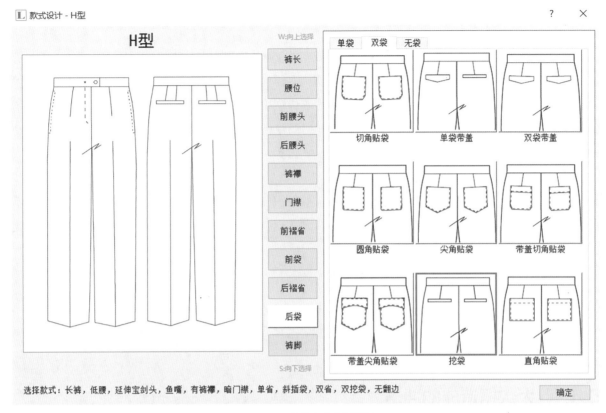

图5-9 女裤数字化定制界面

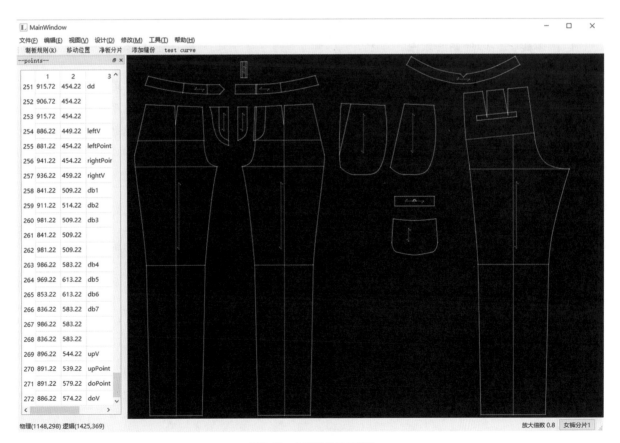

图5-10 女裤样板显示结果

5.3.4 大数据数字化服装定制的意义

在"互联网+"环境下机遇与挑战并存，服装定制企业的发展方向是依据自身品牌、规模、服务等方面的优势，融合线上线下资源、产品和服务，实施多元化产品发展营销战略。企业应结合大数据技术对定制服装的客户资源进行分析，实现精准的客户画像；积极开发服装定制精准营销平台，实现交叉销售模型；同时进行时尚流行趋势预测，为顾客提供时尚穿搭建议等，最终实现客户与服装企业双向联动的营销策略。

中国服装企业需要提高经营效率方能生存，其中既要重视提升经营效率的理论方法和实施路径，还要将数据能力作为提升经营效率的关键支撑，不断提升挖掘信息的能力。相信，随着服装企业的不断创新，服装定制营销技术将深度融合互联网和大数据技术，从而大幅提高企业营销能力和市场竞争力。

5.4　大数据带给服装行业的启示

5.4.1　大数据造成的冲击

大数据对服装行业造成冲击的原因主要包括如下三方面。

1. 传统服装行业创新度不足

在定制服装时，大数据虽然充分满足了消费者的个性化需求，但这也使服装行业的运营模式变得越发标准化，从某种程度上看，只要掌握了整套软件系统，任何服装企业都可以达到这个标准。这样做的后果是顾客一旦觉得某家服装品牌的服务不到位，马上就更换其他品牌，企业只有不断创新，才有自己的核心优势，才能留住顾客。

2. 缺乏快速响应的供应链

在选择匹配的供应链时，多数服装行业依然停留在以节约成本为主的精益供应链，殊不知在面对紧跟潮流、生命周期短的产品时，能够对市场需求状况快速反应的敏捷供应链才是最适用的。像李宁品牌一样，主动寻求与京东物流合作的服装品牌还是很少的，因此行业中大数据的效用并未得到较好的体现。

3. 数字资源建设水平有待提高

很多服装企业只注重数据收集，却忽视了后期的数据分析与研究。数据资源普遍存在质量差、不规范等问题。还有一些企业，在未对原始数据加工处理的情况下盲目决策，导致和现实状况脱节，造成预测失误。

5.4.2 大数据带来的启示

1. 大数据的两面性

任何事物都具有两面性，大数据亦如此。从总体上来看，大数据的利远远大于弊，在时代发展的今天，我们应该充分利用大数据带来的机遇，全力发展产业经济。创新是行业发展的动力，中国企业应该努力从制造发展为创造，扩大其在国际上的影响力。技术是创新的支柱，我国应该多培养并引进一些技术型人才，增强硬实力。

2. 加强数据管理

一方面，企业应该建立信息管理系统，过滤可疑或重复信息；另一方面，企业需定期处理数据库，把已搜集信息汇总并整合，提取出有效内容，并结合市场现状进行分析比对，及时总结规律。

3. 运营上应着重于创新

（1）服装设计上的创新。在发展定制化服装时，一方面，要体现顾客的个性化需求，展现出风格与时尚的元素；另一方面，要以人体工程学为理论基础，关注顾客体型特点，综合考虑多种细节问题，例如驼背、溜肩等问题，从最大程度上使服装体面又舒适。

（2）营销模式的创新。在大数据时代下，企业可以转变成基于客户参与设计、制造、供应的定制化体系，即让顾客参与到产品的款式设计，自主选择服装面料等。全程DIY加之专业设计师的指导，从整体上加强与顾客的互动。

（3）技术创新。企业可以开发专用数据系统，根据用户体型数据和以往购买的服装信息，自动提出搭配建议，同时，可进行三维虚拟试装，使顾客在购买过程中更加直观和快捷。

（4）在供应链上，企业可将RFID（无线射频识别）技术应用于生产、仓储、配送、售后等各个环节，实时掌控产品的需求和库存等信息，实现供应链管理过程透明化，打破信息不对称带来的种种弊端。

📖 **拓展阅读（图5-11）**

《逆势生长服装零售怎么干》

李政隆.《逆势生长服装零售怎么干》[M]. 北京：清华大学出版社，2017.

图 5-11　拓展阅读

难事做于易——运用零售 PVC（Profit Value Competence）盈利生长模型

　　企业逆势生长，不仅需要将大事分解为小事，还需要将难事转化为易事，经营中的"难"体现在：找不到有效的方法；经营中的"易"体现在：解决方案清晰、明确、快速获得、有效。企业经营无处不在，持续改善循环的目标分解、评估管理要素、评估指标、分析管理要素的逻辑关系、制订改善计划、实施过程管理和人员能力提高需要由难化易，组织不同层级、不同部门岗位的持续改善循环需要由难化易，年、月、周、日不同周期的持续改善循环需要由难化易，为这些经营行为快速找到清晰、明确、有效的解决方案需要思维工具——PVC 盈利生长模型。

✎ **课后练习题**

一、单选题

1. 数字化服装定制的英文简称是（　　）。

　　A. DCM　　　　　　　B. ECD　　　　　　　C. EMM　　　　　　　D. EMTM

2. 达到（　　）级规模的数据处理才是大数据处理。

　　A. MB　　　　　　　　B. GM　　　　　　　　C. TB　　　　　　　　D. PB

3. 真正将大数据分析带入公众视野的是（　　）公司。

　　A. IBM　　　　　　　B. SGI　　　　　　　　C. Google　　　　　　D. Microsoft

二、多选题

1. 在"个性化、差异化、国际化、数字化"服装定制解决方案中需要进一步完善的问题包括（   ）。

    A.板型设计过程全部自动化

    B.生成过程全程数据驱动

    C.销售过程全球实时同步

    D.专业化的定制水平及对于定价模型的研究

2. 服装企业品牌价值分析时的主要因素包括（   ）。

    A.目标顾客　　　　　　　B.款式数量　　　　　　　C.价位　　　　　　　D.销售渠道

3. 大数据在服装行业的具体应用包括（   ）。

    A.消费者需求分析　　　　　　　　　　B.服装销售数据分析

    C.服装企业数据化运营

4. 服装企业核心竞争力指标分析时的主要因素包括（   ）。

    A.年度新款数量　　　　　　　　　　B.日均上市新款数量

    C.新款上市周期　　　　　　　　　　D.存货周转天数

5. 服装企业经营成本数据分析时的主要因素包括（   ）。

    A.主营业务收入　　　　　　　　　　B.主营业务成本

    C.毛利润　　　　　　　　　　　　　D.管理成本

    E.经营利润

三、判断题

1. 服装企业核心竞争力指标分析时的主要因素包括：年度新款数量、日均上市新款数量、新款上市周期、存货周转天数等。

2. 传统的实体店服装定制需要经过：预约量体、制作、试衣、取货等流程，一套西装的订制通常需要 1 ~ 2 个月的时间才能完成。

3. 国内部分服装企业已经建立起了基于"大数据、云计算、智能化"的服装个性化定制解决方案。

第 6 章　服饰文化的数字化传播

如今，以数字技术、互联网技术、移动通信技术为代表的新媒体技术得到了广泛应用，传播途径也从数字电视扩展到了手机媒体、楼宇电视、户外高清视频等多种形式。显然，20世纪90年代，尼古拉斯在《数字化生存》中所预言的由于信息交换而能够触动各个感官的媒体时代已经到来。相对新媒体而言，传统服饰文化更是一个能够牵动千万国人心绪的词汇。传统服饰文化作为我国庞大传统文化源流里的一脉，它既是物质文明的结晶，又被赋予了精神文明的内涵。作为文化继承者，保护与传承传统文化是身处这个时代的人们所不能推卸的责任。

数字技术为传统服饰文化的保护与传承迎来了新的契机与挑战。本章将介绍数字技术对服饰文化传播方式的影响，并对新媒体环境下传统服饰文化传播的主要模式进行了分析，通过旗袍三维交互学习系统、体感3D服饰文化展示平台、藏族服饰数字化展示系统，具体说明数字技术如何拓展传统服饰文化的传播途径，并为其增添新的活力。

6.1 服饰文化数字化传播概述

6.1.1 传播服饰文化的有效模式

服装所展示的不仅是品牌、款式和色彩，同时也是一个国家的文化符号。20世纪后期，受西方审美的影响，曾经很长一段时间，中式服装已经渐渐淡出了人们的视线，在工作和生活中我们所能接触到的是清一色的西式服装。对于华夏衣裳五千年的发展历史，人们更是知之甚少。虽然介绍传统服饰文化的书籍不少，例如：吴欣著《中国消失的服饰》、华梅著《中国服装史》等，但这类学术著作专业性较强，更适合业内研究者及高等院校教学使用，并不适合向广大公众做科普宣传。与此同时，博物馆中珍贵的服饰藏品受到展品保护的限制，也只能是让参观者透过橱窗对展品做简单了解，学习过程缺少娱乐性和互动性，因此这个阶段对服饰文化的传播效果不够理想。

进入21世纪，中国的国际影响力与日俱增，与国际社会的交往日益频繁，与世界各国的合作不断扩大，在这样的大背景之下，中国传统服饰文化开始受到越来越多的重视，带有传统服饰文化元素的中式服装频繁出现在国际视野之中，彰显了几千年服饰文化的精彩纷呈，博大精深。

随着传播介质和传播方式的改变，传播服饰文化的形式也从最初的博物馆实物静态展览、纸质报道中跳脱出来，实现了基于移动端APP、多媒体交互系统、虚拟现实展示系统的新型传播方式。在数字化技术为主要代表的新媒体时代，我们迫切需要借助新媒体技术之力，让传统服饰文化走出踯躅不前的困境，最终达到保护与传承目的。

1. 占领新媒体空间拓展服饰文化的传播领域

新媒体环境下，以手机、平板计算机为载体的移动平台成为广大群众获取信息的主要来源。因此占领新媒体空间，拓展服饰文化的传播领域是传播传统服饰文化的重中之重。社会广大群众是传播传统服饰文化的主体，如何让他们接受服饰文化信息并为他们提供有趣味的互动平台，是一件十分有意义的事情。例如，故宫博物院与手机换装游戏"奇迹暖暖"合作推出的清代皇后朝服，如图6-1所示，手机APP中精致考究的传统服装造型赢得了大批年轻人的喜爱。北京服装学院开发的旗袍三维交互学习系统、刺绣纹样艺术展示系统,不仅为在校学生提供学习资源,更为大众化的服饰文化传播提供了媒介。

图6-1　故宫博物院与奇迹暖暖合作推出的清代皇后朝服

2. 探索新的教学模式让传统服饰文化融入校园生活

传统文化普及是一种教育活动,学校的正规传统文化教育是传统文化普及的基本途径和主要渠道。因此采用新型的教学模式也是学校着力探索的重要课题之一。例如,北京服装学院通过改革中国服装史课程,推进服装史学教育信息化发展,为新媒体环境下传统文化的传播和可持续发展探索新的思路。这种研究及其实践应用无疑具有社会的、文化的、经济的多重意义。

3. 通过文化互融让传统服饰文化为社会生活添彩

最好的文化保护与传承的方式,不仅是让它存在于人民生活之中,像空气一样无处不在,更是让它成长于人民生活之中,不断发展不断创新。通过传统服饰文化与其他文化相融合,让传统服饰文化渗透进各个领域,借助新媒体技术的传播之力,让传统服饰文化与社会生活紧密联系,是对传播服饰文化行之有效的传承方式。例如,将服饰文化与电影文化相结合;将服饰文化注入网络游戏人物造型,让年轻受众去关注传统服饰,从而吸引他们更加深入地了解传统服饰文化;在社会生活中,倡导中式婚礼,穿着中式服装、重视传统元素为主的服饰品牌等。

6.1.2　传统服饰文化保护与传承的数字化应用

云时代背景下,移动互联的发展为服饰文化传承带来了契机,将现代媒体技术应用于传统服饰文化的传承和保护具有一定的可行性。传承优秀传统文化,既要保护传统文化之"体",更要传承民族文化之"魂"。如今，传统服饰文化的传播，保护优秀文化之体、魂已经有了强有力的技术支持和环境条件，以下列举了几项传统服饰文化保护与传承的数字化应用。

1. 故宫推出《清代皇帝服饰》APP

《清代皇帝服饰》是一款基于IOS平台的应用程序（APP）。它所展示的内容基于博物馆收藏的文物、文献资料及专家的研究成果。此应用程序以三维立体的服饰模型展示方式呈现出礼服、吉服、常服、戎服、行服、便服六大品类的皇帝服饰立体造型，还配以服饰的设计打样图、工艺材质资料及细节展示等内容，充分体现了清代皇帝服饰之美（图6-2）。此应用程序为观众系统而清晰地梳理了清宫廷服饰制度，也给用户带来了超强的视觉享受和交互体验。

（a）系统图标

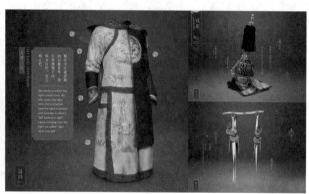
（b）展示界面

图6-2　清代皇帝服饰APP

2. 旗袍三维交互系统与刺绣纹样艺术展示系统

旗袍三维交互学习系统和刺绣纹样艺术应用系统是由本书作者借助虚拟现实技术开发完成的。这两款应用软件均获得国家版权局的软件著作权证书，具有自主知识产权。

（1）旗袍三维交互学习系统将以三维立体形式展现中国女性传统服饰——旗袍。用户通过交互操作可以缩放或旋转三维人物模型，也可以自由选择旗袍的领型、袖型、衣长及图案，从而直观感受到局部变化给旗袍整体造型效果带来的影响。系统图标及展示界面，如图6-3所示。

（a）系统图标

（b）展示界面

图6-3　旗袍三维交互学习系统

（2）刺绣纹样艺术应用系统，用户可以通过智能手机移动端观看经典刺绣作品的文字介绍、图片、针法教学视频等。系统图标及展示界面，如图6-4所示。

（a）系统图标 （b）展示界面

图6-4 刺绣纹样艺术展示系统

旗袍与刺绣是中国传统服饰文化的重要组成部分。相对传统的纸质学习资料，移动应用系统的开发，为社会中广大传统服饰爱好者提供了更有趣味性的学习平台。旗袍三维交互系统与刺绣纹样艺术展示系统的开发是探索中国传统服饰文化传承道路上迈出的微小却又重要的一步，对其他类型的服饰文化的传播具有一定的借鉴意义，将其应用于学校的教学实践，有效提高了学生在学习过程中的兴趣和主观能动性，有利于促进教学质量的提升。

3. 体感 3D 服饰文化展示平台

体感3D服饰文化展示平台是以虚拟试衣机为展示形式的3D虚拟试衣系统。本系统由北京服装学院、北京科普发展中心、广州新节奏智能科技有限公司三方联合完成。该系统应用了新媒体技术中较为前沿的科学技术：体感交互技术和虚拟现实技术。系统包含中华历代服饰、民族服饰、奥运服饰、APEC服饰等各个栏目，可供用户体验试穿。良好的三维仿真效果和虚拟服装随动特征，给用户带来了较好的交互体验。除此之外，系统还将借助文字、图片等形式全面介绍不同服饰所对应的文化背景，普及服装文化常识。体感3D服饰文化展示平台对于提升文化传承创新能力，尤其是新媒体技术支持下的服装系列展览提供了有力的技术保障。

长期以来，我国服饰文化的研究成果主要以著作、论文、学术报告的形式在服装专业、考古学、历史学等相关领域传播，这些成果集合研究者毕生心血而成，适合专业的研究机构及高等院校相关专业学习使用，却并不适合用于向广大公众做科普宣传，中国服饰文化的传播受到了很大的局限。与此同时，博物馆中珍贵的服饰藏品受到展品保护的限制，也只能是让参观者透过橱窗对展品做简单了解，学习过程缺少娱乐性和互动性，因此对服饰文化的传播效果不够理想，如图6-5所示为服饰的传统展示方式，而图6-6所示的体感3D服饰文化展示平台，凭借其良好的交互性和真实感，弥补了传统展示方式的局限。该平台曾在"全国科普日北京主场活动"中与广大民众见面，现场观众反响热烈。

图6-5　服饰的传统展示方式　　　　　图6-6　体感3D服饰文化展示平台

数字技术为传统服饰文化传承形式多样化打开了一扇大门，与此同时又设立了较高的技术门槛。所以拥有传统服饰文化资源的部门与掌握现代技术的机构应该加强交流合作，一方面让新技术为文化的传承服务，另一方面文化的流传也成了应用新技术的价值体现。本章6.2～6.4节将具体阐述如何设计并实现特定的服饰文化展示系统。

6.2　旗袍三维交互学习系统

本节重点介绍《旗袍三维交互学习系统》，系统全方位展示旗袍的起源、样式变迁、旗袍之美及旗袍诞生。该系统可以运行于PC及移动平台（作者带领的开发团队具有该系统的计算机软件著作权）。学习系统改变了传统的教学方式，有助于提升教学质量及学习效率，同时也为旗袍爱好者提供丰富的学习资源。

6.2.1　相关技术分析

1. 互动式多媒体教学

多媒体教学中最重要的组成部分就是多媒体课件，它是整个教学系统的核心，也是决定多媒体教学成败的关键要素。多媒体课件具有集成性、智能性、交互性三个基本特征，其中，交互性处于中心地位，起到桥梁和纽带的作用，是课件设计的核心，也是课件制作的重点和难点，它关系到课件设计的成败和辅助教学能否顺利进行；另外，多媒体教学中"互动式教学"能引发学生的课堂兴趣并能收到良好的教学效果，随着互动学习的兴起，有效互动成为教学的灵魂。

现代教育教学需要在以图片、视频等二维多媒体素材的基础上加入具有吸引力的交互性环节，通过教师对课件的精心设计，创造新颖的、符合教学的模拟环境，引发学生自主学习的兴趣，培养正确的学习习惯，最终达到辅助课堂或线上教学，实现优质、高效的教学效果。

2. 虚拟现实技术的教学应用

通过虚拟现实，学习者可借助计算机设备看见一个虚拟的世界，这个世界看起来真实、听起来真实、交互起来真实。在《旗袍三维交互学习系统》中，作者选择了北京服装学院民族服饰博物馆馆藏的一款20世纪30年代经典女旗袍，实物如图6-7（a）所示。利用虚拟现实技术我们得到与实物视觉效果基本一致的虚拟服装展示效果。与实物服装展示所不同的是，在数字化教学系统中，用户可以自由放大、缩小、旋转观察对象，可以自由为旗袍选择不同的领型、袖型、衣长、面料，从而达到变化多样的服装展示效果，如图6-7（b）所示。

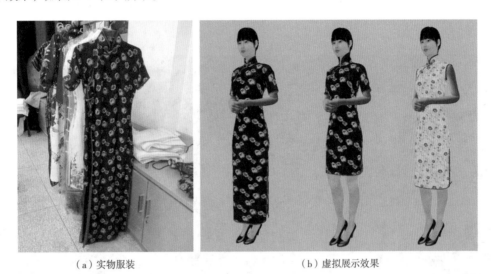

（a）实物服装　　　　　　　　　　　　　（b）虚拟展示效果

图6-7　实物服装与虚拟展示效果对比

6.2.2　系统功能及UI设计

1. 系统功能设计

通过分析传统教学中存在的问题，结合前期资料的收集整理，对旗袍教学中的重要知识点进行分析，从而完成系统功能设计，如图6-8所示。

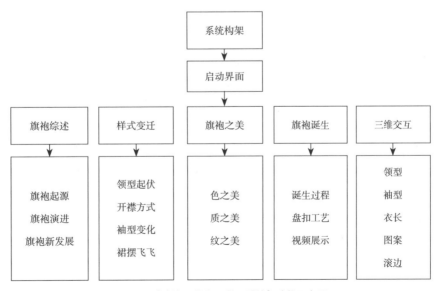

图6-8　《旗袍三维交互学习系统》功能示意图

2. 系统 UI 设计

用户界面（User Interface，简称 UI）是人与信息交互的媒介。好的 UI 设计不仅让软件变得有个性有品位，还能让软件操作变得简单、自由，充分体现软件的定位和特点。本系统的主界面如图6-9所示。位于主界面下方的导航区由五个一级菜单构成，分别是：旗袍综述、样式变迁、旗袍之美、旗袍诞生和三维交互，每个栏目根据教学内容分别使用文字、图片、视频、动画、三维等方式呈现丰富的教学内容。

图6-9　旗袍三维交互学习系统 UI

6.2.3　系统实现方法

教学系统的实现大致分为如下四个部分。

1. 二维设计部分

系统中的图片及视频制作由 Photoshop 及会声会影软件制作完成。

2. CLO3D 旗袍可视化设计与实现

旗袍的三维模型采用专业的服装建模软件 CLO3D 来实现，操作步骤包括：

（1）选定虚拟模特。

（2）手工绘制或导入其他 CAD 软件绘制的二维纸样。

（3）设置不同衣片间的缝合关系。

（4）虚拟缝合。

（5）设置旗袍的纹理信息及其他仿真参数。

3. Flash 设计制作

通过编程实现导航菜单、不同页面切换、播放视频等功能，是系统搭建主体框架用的软件。

4. 在虚拟现实软件 VRP 中的设计与实现

"三维交互"栏目的功能具体包括：任意放大、缩小、旋转观察对象，自由为旗袍选择不同的领型、袖型、衣长、面料。本系统中共设计了三种领型（上海领、元宝领、方领）；两种袖型（无袖、中袖）；三种衣长（长裙、中裙、短裙），排列组合形成 $3 \times 2 \times 3 = 18$ 种情况，因此用简单的方法实现了在 CLO3D 中制作 18 款不同的旗袍模型，即上海领—无袖—长裙；上海领—无袖—中裙；上海领—无袖—短裙；上海领—中袖—长裙；上海领—中袖—中裙；上海领—中袖—短裙……根据用户不同的选择，在后台利用多重选择结构进行判断，最终显示对应的一款模型。如果服装模型的可选择参数较多，排列组合出的模型数量就会达到几百套甚至上千套，此时便不适合采用上述的实现方法，可以用参数化的方式做三维模型的动态拼接，但实现起来的技术难度比较大，需要较长时间的测试才能达到理想的效果。

6.2.4 系统最终实现

旗袍作为我国传统女性服饰的经典款式，是服装设计教学中重要的组成部分。开发旗袍三维交互学习系统的目的在于通过介绍旗袍的历史背景、服装特征，多层面、多角度地挖掘其内在的文化层面价值，使学习者不仅了解旗袍文化的历史演变脉络，还能掌握不同历史时期旗袍特点及其所处时代的政治、经济、文化特征，以便更好地把旗袍文化元素应用到当今的服装设计作品中。

系统经过前期的设计与开发，最终实现了较好的视觉效果，图 6-10 为系统各项学习功能展示，图 6-11 为真人着装与系统中虚拟服装效果对比，图 6-12 是虚拟服装的细节展示，图 6-13 是"三维交互"栏目中根据用户选择呈现出的不同款式旗袍三维效果。

图6-10 旗袍三维交互学习系统用户界面

（a）真人着装效果　　　　　　　　　　　　（b）虚拟服装效果

图6-11　真人着装与系统中虚拟服装效果对比

（a）盘扣细节展示　　　　　　　　　　　　（b）滚边细节展示

图6-12　虚拟服装细节展示

（a）元宝领—无袖—中旗袍　　　　　　　　（b）上海领—中袖—短旗袍

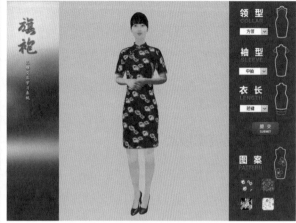

（c）上海领—中袖—长旗袍 　　　　　　　　　　　　（d）方领—中袖—短旗袍

图6-13 "三维交互"功能展示

6.3 体感3D服饰文化展示系统

为了更好普及传统服饰文化，作者运用增强现实技术、体感交互技术，将中华历代服饰、民族服饰、奥运服饰生动形象地展示在公众面前。人们可以一边体验虚拟试穿的乐趣，一边学习与之相对应的服饰文化知识，真正做到科学普及传统服饰文化。

6.3.1 关键技术分析

1. 体感交互技术

体感交互起源于游戏行业，特指用户通过身体运动和身体感受等方式完成人机交互。早期的体感交互必须借助昂贵的数据手套、3D头盔等硬件才能实现。直到最近，随着实时深度摄像机技术与体感交互算法的日渐成熟，特别是Microsoft Kinect与ASUS Xtion PRO的相继发布，体感交互技术已显露出它在电子娱乐、互动教育、医疗辅助、机械视觉等实际应用中的巨大潜力。

系统所选用的体感设备是微软开发的Kinect，如图6-14所示，它有三个不对称的镜头，中间的镜头是RGB彩色摄像头，用于实时捕获彩色图像；左右两边镜头则分别为红外投影机和红外摄像头，它

图6-14 Kinect体感交互设备

们通过发射与接收红外线来提供深度信息。系统借助Kinect体感交互设备不仅可以轻松获得场景中的所有视频信息，还可以通过检测用户的动作判断其操作意图，例如，用户挥动手臂代表需要更换观看的内容，手在某个位置2秒以上的停留则代表选定某件服装，准备试穿等。换言之，Kinect实现了"你就是遥控器"的全新用户体验，消除了以往使用者与操作对象之间的隔阂，提高了整个展示系统的沉浸感与体验度。

2. 增强现实技术

增强现实技术（Augmented Reality，简称AR），是虚拟现实技术的延伸。它将计算机生成的虚拟物体、场景或系统提示信息实时融合到真实世界中，从而增强用户对现实世界感知的程度。近期，由于AR技术在展会、设计、出版、娱乐等领域所发挥出的重要作用，它已被《时代》周刊列为当前最具活力和前景的十大技术之一。

系统中对于增强现实技术的应用如图6-15所示，其中图6-15（a）为博物馆中实际展出的珍贵服饰；图6-15（b）为系统硬件设备，位于屏幕上方的Kinect彩色摄像头可以获得现实世界中的真实影像；图6-15（c）为用户通过显示设备观察到的虚拟试穿效果。此时，不论用户如何动作，服装都像真正穿在人身上一样，不会出现偏移或者穿透的现象，即使试穿者转身或者跳跃，虚拟服装也会表现出很好的随动特征，从而带给用户较好的交互体验感。

（a）博物馆中的清代蓝地五彩平金绣蟒袍　　　（b）系统硬件　　（c）虚拟试穿效果

图6-15　系统中增强现实技术应用

6.3.2　系统功能及UI设计

1. 系统功能设计

不同于以往商业行为中的"3D虚拟试衣镜"，本系统不仅包含虚拟试衣功能，还利用文字、图片、视频等多媒体形式全面介绍了不同服饰背后所蕴含的文化背景，是集教育性、娱乐性、互动性于一体的服饰文化展示系统，具体功能列表，如表6-1所示。

表6-1 系统功能列表

栏目名称	子栏目	表现形式			
		文字	图片	视频	虚拟试穿
历代服饰	汉朝	√	√		√
	晋朝	√	√		
	隋朝	√	√		
	唐朝	√	√		
	宋朝	√	√		
	元朝	√	√		
	明朝	√	√		√
	清朝	√	√		√
民族服饰	布依族	√	√		√
	满族	√	√		
	蒙古族	√	√	√	
	苗族	√	√		√
	纳西族	√	√	√	
	维吾尔族	√	√	√	
	瑶族	√	√	√	√
	壮族	√	√		√
奥运服饰	志愿者	√	√	√	√
	领奖服	√	√	√	√
	青花瓷	√	√	√	√
	宝蓝	√	√		
	粉色	√	√		
	国槐绿	√	√	√	
	升旗手	√	√	√	
	玉脂白	√	√		√

系统设计了历代服饰、民族服饰、奥运服饰三个栏目，每个栏目又包含八个子栏目，子栏目的选择需要考虑时间顺序及服饰文化的丰富程度。目前，系统已经整合了大量的文字、图片资源，但视频及虚拟试穿部分还有待进一步加强。由于服装自身的特性，流传于世的多为百年之内的作品，年代久远难免品相不佳，需要利用计算机图形学做大量的后期处理工作，这也充分体现了课题在艺术与科技上的融合。

2. 用户界面 UI 设计

为突出传统服饰文化这一主题，展示系统在用户界面设计上保持了中国风的特色，在主界面及二级界面中均采用了对称的布局方式，如图6-16所示。图6-16（a）主界面中的四个栏目由上而下依次排列，清晰明了，不同栏目之间通过硬朗的线条及模糊的云朵予以连通，体现看似不同的主题之间又有着千丝万缕的联系。图6-16（b）~（d）二级界面均采用了插画的表现方式，用简单的线条勾勒出不同服饰的造型特征，清新淡雅的颜色刚好与各自的主题相一致。

体感交互系统不同于一般的图形界面系统，毕竟手势控制不如鼠标的操作更加精确到位，因此系统在用户界面的设计上，既要确保较好的视觉表现力，同时还要易于Kinect体感设备的识别与控制。考虑以上特点，系统采用面积较大的矩形按钮完成交互任务，用户只需要站在设备前1.5~3.0m范围，系统就可以自动识别出双手的位置，若用户将手停留在某个按钮上2秒以上即表示确定进入该栏目。

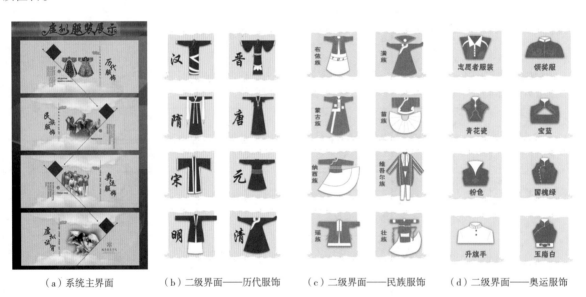

（a）系统主界面　　　（b）二级界面——历代服饰　　　（c）二级界面——民族服饰　　　（d）二级界面——奥运服饰

图6-16　体感3D服饰文化展示系统用户界面设计

6.3.3　系统实现方法

系统实现过程分准备阶段、制作阶段、实现及测试阶段三部分进行，具体流程如图6-17所示。在前期的准备工作中最关键的是确定好系统展示方案，既要确定展示内容、明确作品风格、设计具体栏目，也要对每个子栏目的具体内容予以规划。在资料搜集整理阶段则要借助网络及专业的资料库全方位获得与展示主题相关的各类资料。在具体制作阶段，可分为二维和三维两个小组同时开展，二维部分主要应用平面设计软件完成用户界面设计、服装模型的贴图制作等；三维部分则使用专业三维建模软件建立服装模型，并进行骨骼绑定、灯光设计、材质编辑等一系列工作。最终所有信息汇总到"体感3D服饰文化展示系统"，完成系统测试工作。

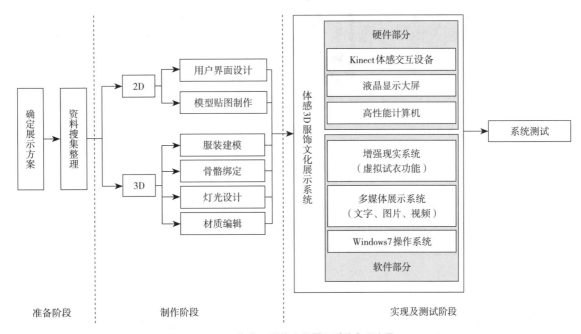

图6-17　体感3D服饰文化展示系统实现流程

系统实现过程中，最重要的部分是三维服装模型的建立。通常一个服装模型的制作需要经历如下几个步骤。

（1）确定展品，有实物最佳，否则需要较为详尽的图片资料作为辅助。

（2）搜集资料，对实物进行多角度拍摄，整理相应文字、图像等资料作为背景知识介绍。

（3）三维服装模型制作，使用3ds Max及CLO专业服装建模软件完成，保存为fbx格式。

（4）制作贴图，利用步骤2拍摄的照片，借助Photoshop软件完成，保存为jpg格式。

（5）模型格式转换，使用Unity3D游戏引擎，将步骤3、步骤4中的文件合成为u3d格式。

（6）上传模型至3D体感形象搭配系统后台数据库。展示系统通过无线网络可以下载数据库中的更新的服装模型。

系统在建立三维服装模型过程中需要特别注意的是，由于系统对于虚拟服装的渲染为实时操作，计算量极大，因此必须控制每个服饰作品的服装面数小于3000面，否则将会影响到用户体验时的感受。为了尽量减少服装模型中的面数，系统采用以贴图效果代替复杂几何造型的原则，同时，多层的服装也仅仅通过贴图中的阴影效果来实现，从而确保所有服装在用户试穿时均有流畅的表现。

6.3.4　系统最终实现

2014年9月，在全国科普日北京主场活动中，基于Kinect体感交互技术的3D服饰文化展示系统在中国科技馆与广大民众见面，上千名参观者亲身体验了系统中的48套服饰作品，科技日报、光明网等媒体对系统进行了报道。图6-18为系统在现场展出时的效果。

（a）现场观众参与体验　　　　　　　　　　　　（b）虚拟试衣效果

图6-18　体感3D服饰文化展示系统在中国科技馆展出

服饰作为一种文化形态，贯串于中国古代各个历史时期，也成为中华传统文化的重要组成部分。科技带给服饰全新的展现形式，更赋予传统文化更加蓬勃的生命力，本系统旨在使用科技最前沿的增强现实技术、体感交互技术，全方位地向广大公众展示灿烂的华夏服饰及其背后蕴藏的丰富文化背景，提高国人的服饰文化修养，增强民族自豪感。

6.4　藏族服饰数字化展示系统

课题的研究目标是建立一个藏族服饰展示系统。研究者对藏族服饰模型制作及VR展示系统实现进行了研究，具体包括：服装模型样板、贴图、多层次结构研究、模型效果影响因素研究、服装模型效果评价标准和因子空间建立、VR藏族服饰展示系统的设计与实现等。其研究成果以数字服饰博物馆、服饰展示系统、服饰文化类APP等形式有效促进了藏族服饰文化的传播与发展。

6.4.1　少数民族服饰数字化的意义

目前，关于藏族服饰的研究主要集中在国内，研究内容包括：服饰特点、藏袍结构、服饰图案等。将藏族服饰文化与数字技术相结合的研究成果还十分少见。曾有研究者设计并制作了藏族服饰数据库系统，可以通过图片、视频、文字等形式保存不同时期、不同地域的藏族服饰。也有设计师通过对藏族服饰图案中民族性、艺术性的探究，寻找藏族服饰图案和网络游戏中角色设计的契合点，为网络游戏角色设计增加了民族文化的元素。

本系统以藏族服饰为研究对象，对其模型的制作方法、仿真效果的影响因素、评价指标和评价因子空间等进行了深入研究，并通过展示系统的设计与开发检验了服装模型的效果，提升了服装模型的应用价值。利用VR技术探索少数民族服饰数字化展示新方法，具有重要的理论意义与实践意义，具体表现在：

1. 理论意义

（1）文化与科技相融合的有益尝试。VR技术是近年来出现的高新技术。当前，我国在VR领域内容不断增加，但VR与少数民族服饰相结合的研究还比较缺乏。系统通过分析整理、色彩归纳、空间规划、装置及灯光设计以及虚拟交互技术等多种手段达到了少数民族服饰数字化展示的目的，是服饰文化与科技相融合的一次有益探索。

（2）为传统服饰文化保护形式拓宽思路。基于VR技术开发少数民族服饰的相关内容只是少数民族服饰文化保护的其中一种形式，随着现代科学技术的快速发展，少数民族服饰的传承与保护也将拓宽新思路，探寻新方法。

2. 实践意义

（1）VR技术助力少数民族服饰的传承与保护。通过大力发展基于沉浸式的虚拟现实文化作品，使其成为民族服饰文化宣传的重要载体，助力中华服饰文化的国际传播。

（2）少数民族服饰丰富VR应用系统内容。现阶段虚拟现实技术主要应用在军事领域和高校科研方面较多，未来的发展应努力向民用方向发展，并在不同的行业发挥作用。倡导适合广大群众消费水平的虚拟环境下的文化娱乐活动，增强党和政府的感召力、影响力。

（3）少数民族服饰数字化推动VR技术发展。要想实现少数民族服饰数字化避免不了对这些服饰文物展品的高精度建模，这就不断给虚拟现实建模方法和硬件设备提出更高的要求，从而推动了VR技术的发展。

6.4.2 系统功能设计与实现

1. 系统功能与实现流程

站在系统开发者的角度，对展示系统的VR实现、UI实现以及交互实现方法进行了研究，得出藏族服饰展示系统的实现流程，如图6-19所示。

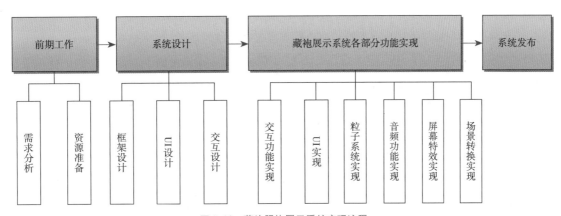

图6-19 藏族服饰展示系统实现流程

本系统共包含五个主要场景，如图6-20所示。场景一为导入环节；场景二为静态展示环节，实现藏族服饰介绍功能；场景三为藏袍制作流程展示环节，以天华锦藏族官袍为例，实现服装制作流程介绍功能；场景四为藏袍动态展示环节，进一步介绍实现藏族服饰的功能；场景五为结束与评价环节，获得系统改进的建议，以完善展示系统的相关功能。两位一体的开发方式能够将用户需求与技术实现进行较好地融合。

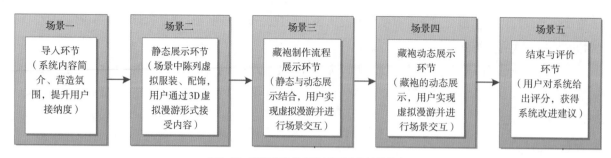

图6-20 藏族服饰数字化展示系统场景简介

2. 交互设计

交互功能贯串于整个展示系统。交互形式主要为鼠标、键盘和手柄，交互内容主要为UI的显示、隐藏，动画的播放、停止，音频的播放、停止等。具体内容如下。

场景一：用户通过手柄自定义键（或鼠标）实现控制按钮、动画和音频的转换；并随路径动画产生视角的移动，同时用户可以旋转头部（或移动鼠标来模拟头部旋转）进行360°观察；通过手柄自定义键（或鼠标）实现点击按钮跳转场景。

场景二：用户通过手柄自定义键（或鼠标）实现控制按钮、动画的转换，通过手柄方向键（或键盘W、A、S、D键）实现第一视角VR Player（控制角色）的移动；VR Player进入某一区域，就会触发某一音频的播放；旋转头部（或移动鼠标），在特定条件下，播放提示音，使某一物体产生旋转、移动或缩放；通过手柄自定义键（或鼠标）点击按钮跳转场景。

场景三：用户通过手柄自定义键（或鼠标）实现控制按钮、动画的转换；通过手柄方向键（或键盘W、A、S、D键）实现第一视角VR Player的移动；旋转头部（或移动鼠标），获得某些物体的提示信息；VR Player进入某一区域，场景跳转。

场景四：用户通过手柄自定义键（或鼠标）实现控制按钮、动画的转换；通过自定义键、方向键（或鼠标点击）实现场景中人物角色某段特定动画的播放；通过手柄自定义键（或鼠标）实现音量滑动条控制背景音乐大小；通过手柄自定义键（或鼠标）点击按钮跳转场景。

场景五：用户通过手柄自定义键（或鼠标）实现控制按钮、动画的转换；通过手柄进行（或鼠标）滚动视图的查阅；通过手柄自定义键（或鼠标）点击按钮跳转场景。

系统中的所有UI元素被设计成"蓝色宝相花"风格，如图6-21所示。宝相花是传统吉祥纹样之一，寓有"宝""仙"之意的装饰图案，盛行于中国隋唐时期。在藏语中，宝相花被称为"白玛"，为佛教经典和佛教艺术中经常提到和见到的象征物，取"出五浊世，无所污染"之意，象征佛法之纯净无染。

图6-21 藏族服饰数字化展示系统UI元素

6.4.3 系统最终实现

系统具体实现部分内容较多，具有一定的服装专业特性，感兴趣的学习者可以通过拓展阅读"藏族服饰数字化展示系统的设计与实现"来了解。这里仅对系统的最终实现效果做简单描述。

1. 服饰的静态展示效果

系统中的场景二主要为藏族服饰静态展，展品包括四套藏袍、藏靴和毡帽，如图6-22所示。每件藏袍都拥有一个背景板，介绍藏袍基本情况及其样板结构，以便用户能够更深入地了解展品。

（a）氆氇虎皮饰边藏袍

（b）天华锦藏族官袍

（c）羊皮水獭饰边藏袍

（d）蓝色几何纹提花绸藏袍

（e）藏族毡帽

（f）男士牛皮藏靴

图6-22　藏族服饰静态展示效果

2. 服饰的动态展示效果

系统的场景四为服饰动态展示。服装动画的制作方法有两种基本方式：一是使用3ds Max或Maya

等建模软件中的布料系统进行面料结算；二是CLO3D中的动画系统进行服装动画的录制。本系统使用CLO3D进行服装动画录制。CLO3D所制成的服装动画能够导出为Maya Cache、Point Cache等形式，需要时可以再使用3ds Max或Maya进行渲染，服装面料结算效果十分细腻，如图6-23所示。

（a）正面效果

（b）背面效果

图6-23　天华锦藏族官袍动态展示效果

3. 作品参赛获奖情况

研究团队在《藏族服饰数字化展示系统》的基础上，根据第二届全国高校计算机能力挑战赛的竞赛要求，对系统进行了部分修改，形成数字媒体作品《大美中国藏族服饰》参加了大赛角逐，如图6-24所示。作品最终获得大赛数字媒体创新设计赛（技术应用类）华北区域一等奖，本书作者为获奖作品的指导教师。研究团队期望通过《大美中国藏族服饰》这个数字媒体作品向更多观众展示藏族服装之美，传承中华服饰文化，实现北京服装学院"与美同行"的时代愿景。

（a）《大美中国藏族服饰》数字媒体作品

（b）获奖证书

图6-24　数字媒体作品《大美中国藏族服饰》及获奖证书

　　服饰文化作为中国传统文化的重要组成部分，对整个民族乃至整个世界都具有十分重要的意义。中华民族万千子孙是继承传统服饰文化"体"与"魂"的主体，让大众热爱传统文化，激发他们共同保护传统文化的热情，传统文化才能生生不息。同时，也只有文化伴随着国力的繁荣昌盛，民族自豪感才能够有质的提升。

［1］Ma Fen-Fen, Jiang Yan. Assistance of New Media Technology on the Protection and Inheritance of Traditional Costume Culture [C]. Textile Bioengineering and Informatics Symposium, Melbourne Australia, 2016: 570–573.

［2］马芬芬. 藏族服饰数字化展示系统的设计与实现［D］. 北京：北京服装学院硕士学位论文，2017.

1. 新媒体技术助力传统服饰文化的保护与传承

New Media Technology Assist The Protection and Inheritance of Traditional Costume Culture

Ma Fen-Fen, Jiang Yan

Abstract: In the new media age that digital technology becomes the main representative, the protection and transmission of traditional costume culture ushered in new opportunities and challenges. This paper describes the impact of new media technology on the traditional costume culture, and the main mode of traditional costumes and cultural communication in the new media environment was summarized by listing examples of Qing dynasty emperor clothes costume culture and somatosensory 3D display platform, to further explain the new media technology will effectively expand the way traditional costumes cultural transmission, and its add new vitality.

Keywords: New MediaTechnology: Traditional Costume Culture: Somatosensory Interaction: Virtual Reality

2. 藏族服饰数字化展示系统的设计与实现

摘要：关于服装数字化展示技术与传统服饰文化有效融合的研究是近年来纺织工程领域和计算机图形学的研究热点之一。其研究成果以数字服饰博物馆、服饰展示系统、服饰文化类 APP 等形式大大促进了传统服饰文化的传播与发展。

课题的最终目标是建立一个藏族服饰展示系统。通过对藏族历史、文化的充分了解，本文对藏族服饰模型制作及 VR 展示系统实现进行了研究。具体包括服装模型样板、贴图、多层次结构研究、模型效果影响因素研究、服装模型效果评价标准和因子空间建立、VR 藏族服饰展示系统的设计与实现等。首先，为了提供更科学、完整的服装模型制作方法，本文基于 CLO3D 系统，提出了藏袍样板结构的删减办法以及藏袍面料贴图的复原方法，并对藏族服装组合模型的制作方法进行了详细论述。其次，为了探究CLO3D服装模型效果的主要影响因素，本文通过对比实验法对粒子间距离、藏袍的样板结构以及面料参数这三个因素进行了具体研究。再次，针对服装数字化领域模型仿真效果的评价标准并未建立的问题，本文以20套CLO3D服装模型为研究对象，通过主观评价法获得了10项仿真效果评价指标。同时，采用探索性因子分析法对10项指标数据进行处理，并建立了因子评价空间。再者，本文结合藏族人民生活、文化背景，完成了藏族服饰展示系统的设计与实现。在系统搭建过程中，对能够实现同一功能的不同方法进行了实践检验和简单比较，为其他展示系统的设计与实现提供了借鉴。最后，对本课题中有待进一步研究和解决的问题进行了总结与展望。

关键词：藏族服饰；数字化；虚拟服饰；虚拟现实；藏袍模型；展示系统

✎ **课后练习题**

一、判断题

1. 当前，信息技术已被广泛应用于文化遗产的数字化与保护工作中。
2. 关于服饰文化的数字化传播技术研究始于东方。
3. 当前，体感技术、虚拟现实技术等已被成功应用于服饰文化的数字化传播工作中。
4. 新媒体时代，人机交互变得越来越灵活。
5. 在《旗袍三维交互学习系统》中，用户可以通过交互方式对旗袍的领型、袖型、衣长、图案进行修改，从而快速查看变化后的服装造型效果。

二、思考题

1. 服装作为彰显民族文化、汇聚民族力量的重要载体之一，承载着特殊的意义，如何更好利用数字化传播方式实现服饰文化传播，同学们可以模仿本章内容，设计并构思一些具体的应用案例。
2. 如何实现服饰文化的整合式传播？协调使用各种不同的传播手段，如报刊、广播、电视、网络，发挥不同传播工具的优势，形成一定的社会影响力。

实训部分

第 7 章

一、二维服装样板设计应用案例

7.1 案例1：原型女裙样板设计

服装原型也称为基本样板、原型样板或基础样板，它来源于人体，但又不同于人体原型。它是在掌握人体外形条件及活动特点后，在人体原型的基础上加放活动所需的松量，并按一定分割展平方法获取的纸型。本节介绍原型裙的样板设计，图7-1为原型女裙的三维模拟图，其平面结构图如图7-2所示。

图7-1　原型女裙的三维模拟图

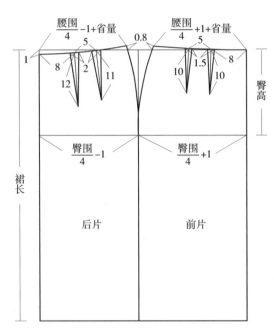

图7-2　原型女裙结构图

使用富怡CAD进行原型制板的流程是：首先进行号型设置，然后绘制基本结构线，再绘制轮廓线，之后需要针对侧缝进行尺寸验证。

7.1.1 号型设置

由结构图可以知道，原型女裙的打板主要用到的尺寸是裙长、臀围、腰围和臀高，其基础码，160/68A号型尺寸如表7-1所示。

表7-1　基础码（160/68A）尺寸表

部位	裙长	臀围	腰围	臀高
尺寸（cm）	60	94	68	19

打开富怡设计与放码CAD系统，选择"号型"菜单下"号型编辑"命令，弹出"设置号型规格表"对话框，如图7-3所示，单击"基码"单元格，可以输入号型"160/68A"。依次单击下面的单元格，输入各部位的名称和尺寸，设置完毕后，可以单击"存储"按钮，将尺寸信息存储成扩展名为siz的尺寸文件，最后单击"确定"按钮。

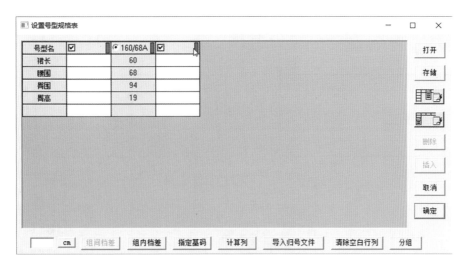

图7-3　号型编辑对话框

7.1.2　女裙打板

1. 绘制整体轮廓、臀围线、侧缝基础线

使用"矩形"工具 ⬜，拖动鼠标，在弹出的"矩形"对话框中输入矩形宽度为"47"（臀围/2），矩形高度为"60"（即裙长），如图7-4所示。在输入数值时，可以使用对话框右上角的"计算器"按钮，但是此按钮在Windows 7之后的版本中无法显示出来，因此可以使用鼠标在弹出的对话框右上角的位置（如图7-4中箭头所指区域）单击，即可调出计算器进行输入。

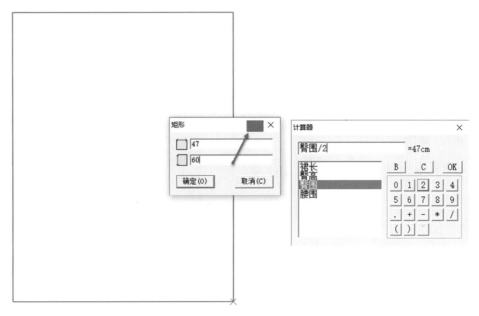

图7-4　绘制整体轮廓线

使用"智能笔"工具 ✎ ，左键按住矩形上面的边向下拖拽，在任意处单击，即会弹出"平行线"对话框，输入距离为"19"（即臀高），再单击"确定"按钮，即可绘制出臀围线，如图7-5所示。用同

样的方法，将矩形左侧边向右拖拽，在任意处单击，输入平行线距离为“22.5”$\left(\frac{\text{臀围}}{4}-1\text{cm}\right)$，即可得到前、后片交界线，如图7-6所示。

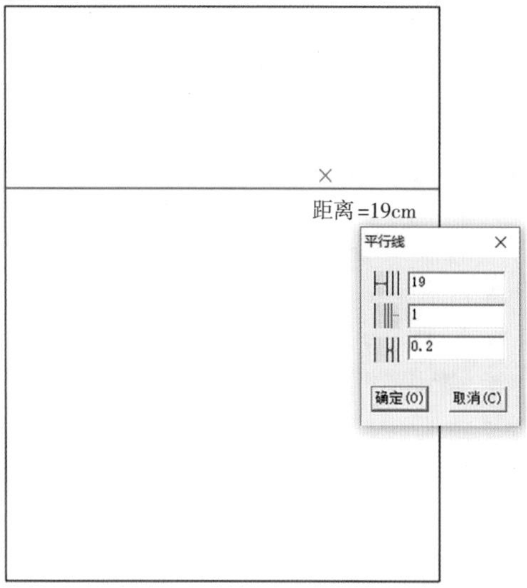

图7-5　绘制臀围线

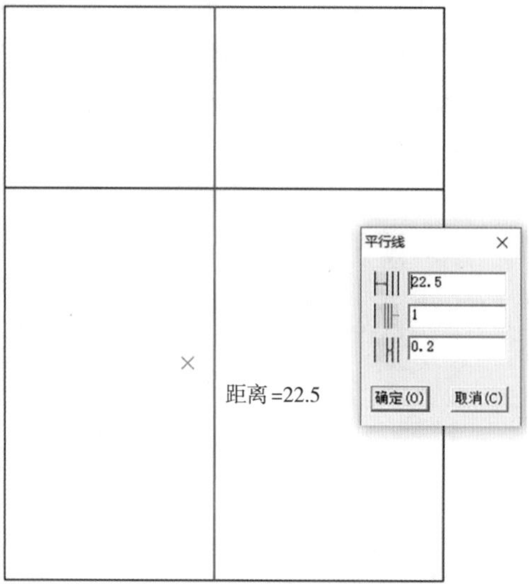

图7-6　绘制前后片交界线

2. 绘制后片腰围线

使用“智能笔”工具，在矩形上面的边靠近左侧端点单击，输入距离为“20”$\left(\frac{\text{腰围}}{4}-1\text{cm}+4\text{cm}\right)$，向上画出垂直线，长度为0.8，然后继续用“智能笔”工具，从后中线靠近上端点处单击，输入距离为“1”，向右画出自由曲线，一直到垂直线的上端点，如图7-7所示。如果曲线不圆顺，可以使用调整工具将曲线调整圆顺。

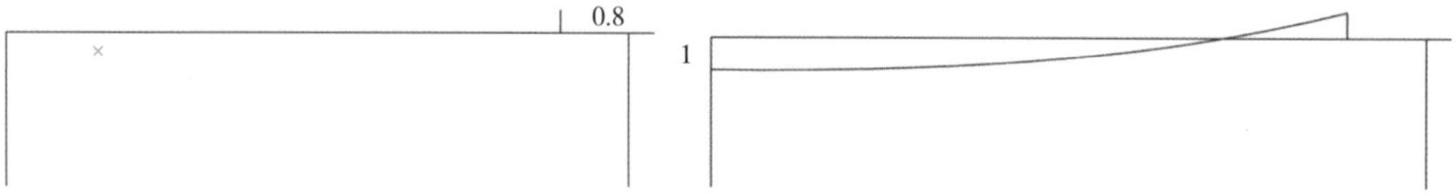

图7-7　绘制后片腰围线

3. 绘制前片腰围线

使用同样的方法绘制出前片腰围线，如图7-8所示。

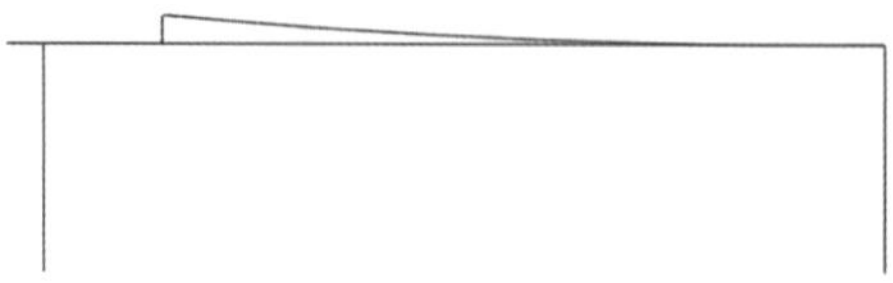

图7-8　绘制前片腰围线

4. 绘制后片腰省

使用“角度线”工具，鼠标单击后片腰围线，再在腰围线靠近左端点处单击设置“点的位置”，点长度输入“8”，会出现绿色的垂直坐标，沿着垂直方向向下单击，在弹出的“角度线”对话框中，输入长度为"12"，角度为"90"，然后点击"确定"按钮，用同样的方法，绘制出后片上的第二条省中心线，如图7-9所示。

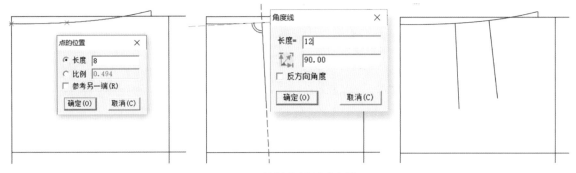

图7-9　绘制后片腰省中心线

使用"等份规"工具，按下键盘上的"Shift"键，切换为"线上反向等距"功能，单击后片左侧腰省中心线的上端点，向左或向右移动鼠标，并单击，在弹出的"线上反向等分点"对话框中选择双向总长输入"2"，单击"确定"按钮，可以得到两个省宽点，如图7-10所示，确定后片腰省省宽点。

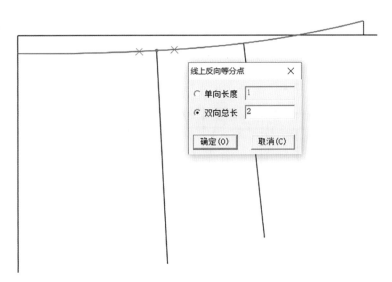

图7-10　确定后片腰省省宽点

使用"智能笔"工具，分别连接这两个点和省尖点，可以画出省的两条边线，再使用同样的方法，绘制出后片的另一个腰省，如图7-11所示，绘制后片腰省。

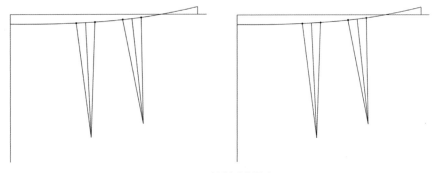

图7-11　绘制后片腰省

5. 绘制前片腰省

为了制图方便，可以使用"橡皮擦"工具 ✐ ，删除原有的水平腰围线，然后参考步骤4，绘制前片的腰省，如图7-12所示。

6. 绘制侧缝

利用"智能笔"工具 ✎ ，单击后片腰围线右端点，向下移动鼠标，在腰围线和臀围线之间单击，最后在臀围线与前后片分界线的交点处单击，绘制出后片侧缝线的上半部分。再用同样的方法，绘制出前片侧缝线的上半部分，如图7-13所示。

这样，就完成了原型裙的所有样板设计，如图7-14所示。

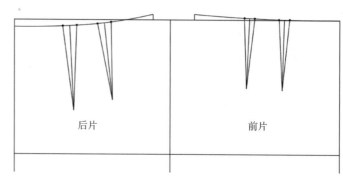

图7-12　绘制前片腰省

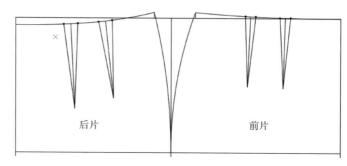

图7-13　绘制侧缝

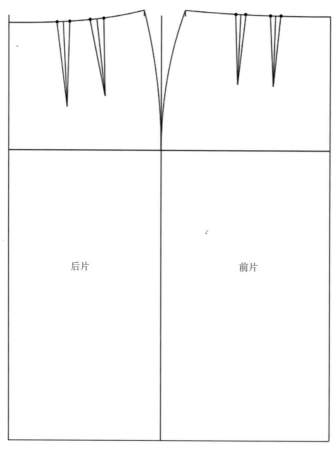

图7-14　原型裙绘制完成

7.2 案例2：女衬衫样板设计

衬衫是一种穿在内外上衣之间、也可单独穿用的上衣，19世纪40年代，西式衬衫传入中国，多为男用，20世纪50年代渐被女子采用，现已成为女士经常穿着的服装款式之一。本节介绍的是经典款式女式衬衫，其三维样衣如图7-15所示，其结构图如图7-16所示。

图7-15 女衬衫三维样衣

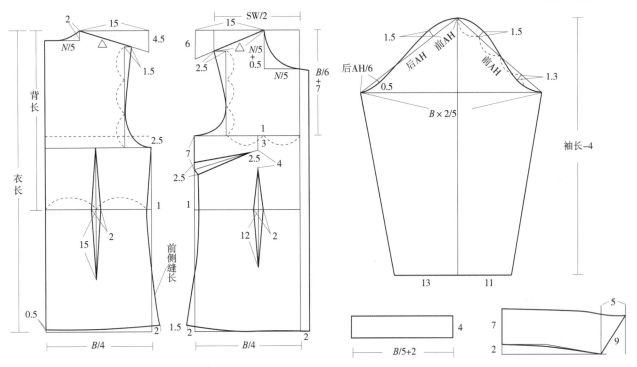

图7-16 女衬衫结构示意图

7.2.1 号型设置

女衬衫成衣的尺寸数据，如表7-2所示，在进行打板操作之前，首先要进行号型设置。

表7-2 160/84A的衬衫成衣尺寸表

部位	衣长	胸围（B）	腰围	背长	领围（N）	肩宽（SW）	袖长	半袖口
尺寸（cm）	64	92	80	38	38	37	54	12

打开"号型"菜单中"号型编辑"命令（快捷键Ctrl + E），打开"设置号型规格表"对话框，在"基码"的位置输入号型为160/84A，在号型名下方和基码下方依次输入各部位名称与尺寸，如图7-17所示。然后单击"确定"按钮，则号型设置完成。

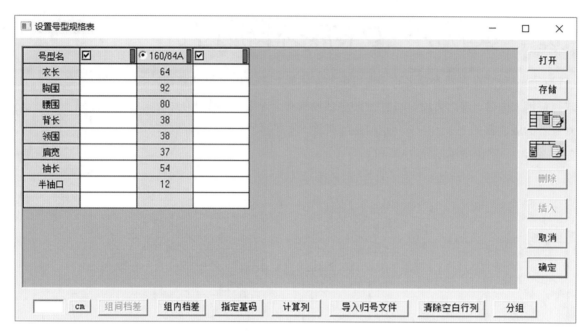

图7-17　号型编辑对话框

7.2.2　前片的结构设计

1. 绘制整体轮廓、胸围线和腰围线

选择"矩形"工具 ⬚，在工作区绘制出矩形，设定宽度为"23"$\left(\dfrac{胸围}{4}\right)$、高度为"64"（衣长）。选择"智能笔"工具 ✎，左键按住上平线向下拖拽，松开鼠标后，引出平行线，单击左键，在弹出的对话框中输入间隔距离为"22.3"$\left(\dfrac{胸围}{6}+7\text{cm}\right)$，单击"确定"。用同样的方法画出腰围线，与上平线距离为"38"（背长），如图7-18所示。

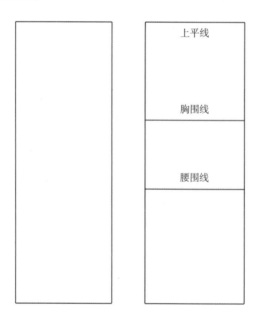

图7-18　前片整体轮廓线、胸围线和腰围线

2. 绘制领口弧线

使用"矩形"工具 $\sqsupset$ ，画出前片的领宽线和领深线，其宽度为"7.6"$\left(\dfrac{领围}{5}\right)$，高度为"8.1"$\left(\dfrac{领围}{5}+0.5\text{cm}\right)$。再使用"智能笔"工具 $\mathscr{L}$，绘制出领弧线，如图 7-19 所示。如果领弧线不圆顺，可以使用"调整工具" $\nwarrow$ 进行微调。

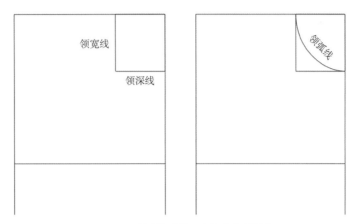

图 7-19　绘制领宽线、领深线和领弧线

3. 绘制肩线和胸宽线

使用"智能笔"工具 $\mathscr{L}$，鼠标放在颈侧点上，单击键盘上"Enter"键，弹出"移动量"对话框，输入横向移动量为"-15"，纵向移动量为"-6"，再点击"确定"，然后连接到颈侧点，即绘制出肩斜线；继续使用"智能笔"工具 $\mathscr{L}$，靠近上平线右端点处单击，输入点的位置为"18.5"$\left(\dfrac{肩宽}{2}\right)$，向下绘制垂直线与肩斜线相交；从交点处向右绘制平行线，点的位置为"2.5"，绘制出冲肩线。继续向下绘制垂直线到胸围线，绘制出胸宽线，如图 7-20 所示。

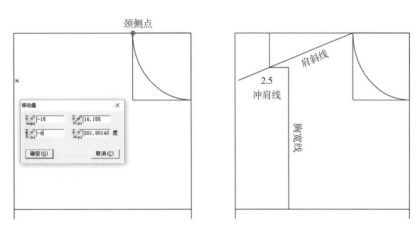

图 7-20　绘制前片肩斜线、冲肩线和胸宽线

4. 绘制前袖窿线

使用"等份规"工具 $\overline{}$ ，鼠标放在胸宽线上单击，将胸宽线做出三等分。再使用"智能笔"工具 $\mathscr{L}$，经过肩点、胸宽线下 1/3 处和腋下点，绘制袖窿曲线，如图 7-21 所示。如果绘制的曲线形状不圆顺，可以使用"调整工具" $\nwarrow$ 进行微调。

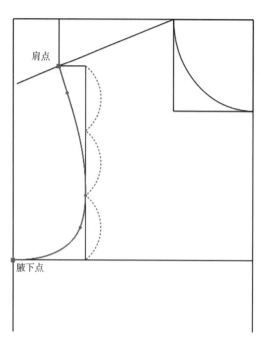

图7-21　绘制前袖窿线

5. 绘制前片侧缝线和下摆线

使用"智能笔"工具 ✎，单击腋下点，向下在腰围线靠近左端点处单击，在"点的位置"对话框输入长度为"1"，点击"确定"后再将鼠标移动到下摆线左端点处，按下"Enter"键，输入水平移动量为"-2"，垂直移动量为"1.5"，单击"确定"后，右击结束侧缝的绘制，如图7-22所示。

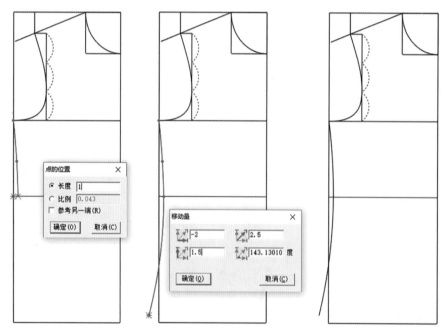

图7-22　绘制前片侧缝线

使用"等份规"工具 ⊶，将下摆辅助线三等分，然后使用"智能笔"工具 ✎，单击侧缝线下端点，经过下摆辅助线右1/3的位置和前中线下端点，做出下摆曲线，如图7-23所示。

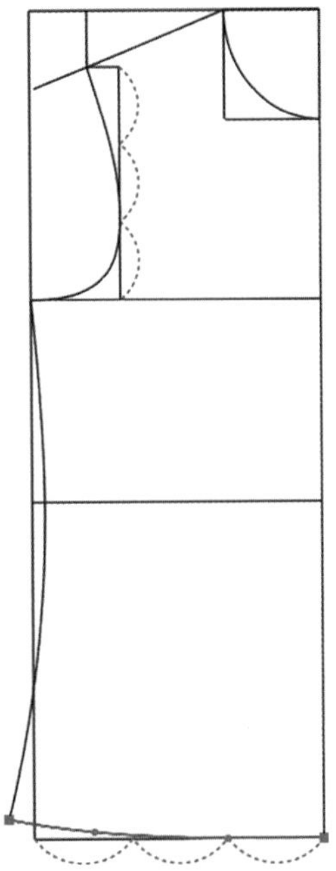

图7-23 绘制前片下摆线

6. 绘制腋下省

使用“等份规”工具，将胸围线上胸宽线下端点到前中线的线作二等分，切换到“智能笔”工具，将鼠标放在等分点处，按下“Enter”键，输入水平移动量为“-1”，垂直移动量为“-3”，找到腋下省尖点的位置，移动到侧缝线上靠近腋下点处单击鼠标左键，在弹出的对话框中输入“7”，单击确定，在省线靠近省尖点处，按住键盘上的“Shift”键右击鼠标，在对话框中输入长度增减量为“-2.5”，得到腋下省的中心线，如图7-24所示。

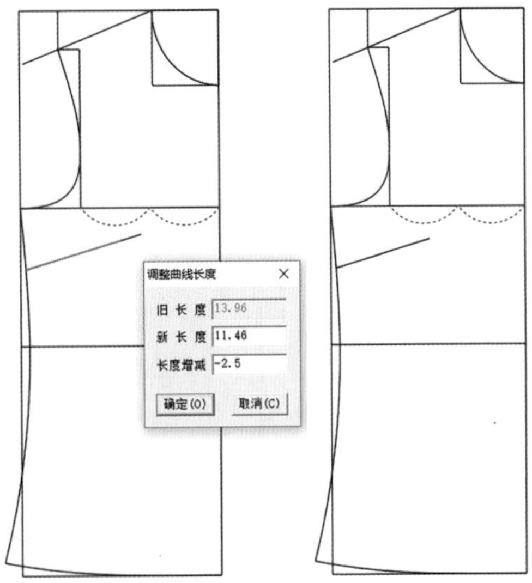

图7-24 绘制前片腋下省中心线

使用“收省”工具，左键单击侧缝线，再单击腋下省中心线，在弹出的“省宽”对话框中，输入省宽为“2.5”，单击“确定”按钮。在省的下侧左击，确定省的倒向侧。然后，侧缝线会模拟出省闭合后的形状，可以调整关键点控制形状。调整完毕后，单击右键，则腋下省绘制完成，如图7-25所示。

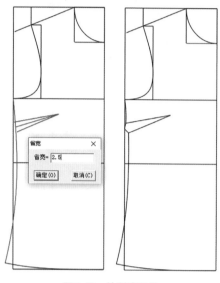

图7-25　绘制腋下省

7. 绘制腰省中心线

选择"智能笔"工具，鼠标放在胸宽1/2处，按下"Enter"键，在对话框中输入横向移动量为"-1"，纵向移动量为"-7"，单击"确定"按钮。向下画出垂直线与腰围线相交，然后将鼠标移动到这条线靠近下端点处，按住"Shift"键右击鼠标，在弹出的对话框中输入长度增减为"12"，如图7-26所示。省中心线完成后，腰省的其他部分将在后续裁剪纸样后使用"锥形省"工具添加。

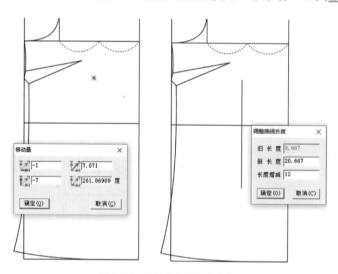

图7-26　绘制前片腰省中心线

8. 绘制止口线

选择"智能笔"工具，向右拖拽前中线，绘制出与之平行且间隔距离为"2"的平行线，即为止口线。然后使用"智能笔"单边靠齐功能，将领口线和下摆线延长至止口线，如图7-27所示。

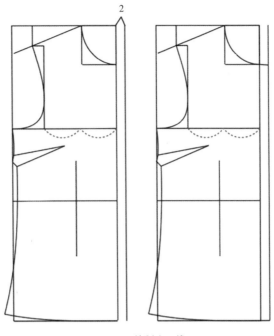

图 7-27　绘制止口线

7.2.3　后片的结构设计

1. 绘制后片胸围线和腰围线

使用"移动"工具 ，将前片整体轮廓线复制出来，并使用"智能笔"工具 做出原胸围线的平行线，距离为"2.5"，再删除原胸围线，如图 7-28 所示。

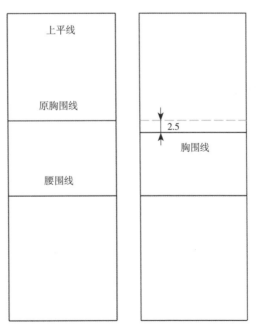

图 7-28　绘制后片胸围线

2. 绘制后片领弧线

使用"智能笔"工具 ✎，在上平线靠近左端点单击，输入长度为"7.6"$\left(\dfrac{\text{领围}}{5}\right)$，向下做垂直线，长度为"2"，做出领深线，再向左移动到后中线，绘制出领宽线。继续使用"智能笔"工具 ✎，画出领弧线，如图7-29所示。

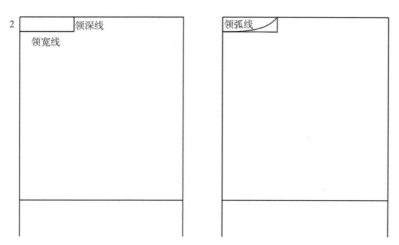

图7-29　绘制后片领弧线

3. 绘制肩线与背宽线

使用"智能笔"工具 ✎，鼠标放在颈侧点上，单击键盘上"Enter"键，弹出"移动量"对话框，输入横向移动量为"15"，纵向移动量为"-4.5"，再点击"确定"，然后连接到颈侧点，即绘制出肩斜线。

使用"比较长度"工具 ⚖，测量前肩线的长度（本例中为11.74）。

继续使用"智能笔"工具 ✎，在肩斜线靠近左端点处单击，输入点的位置为"11.74"（前肩斜线长度），过点向左绘制水平线，长度为"1.5"定点，过该点向下绘制垂直线到胸围线，绘制出背宽线，如图7-30所示。

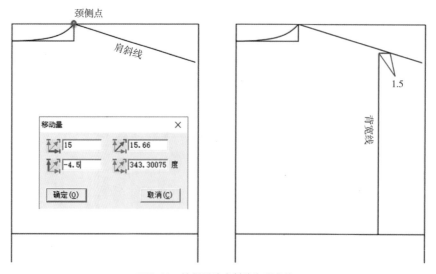

图7-30　绘制后片肩斜线和背宽线

4. 绘制后袖窿与后侧缝线

与前片袖窿线和侧缝线的方法相同，绘制出后袖窿线和后侧缝线，如图7-31所示。使用"比较长度"工具 ，依次左击前侧缝线上下两部分，得到前侧缝的长度值，再使用"智能笔"工具 ，调整后侧缝长度为前侧缝长度，如图7-31所示。

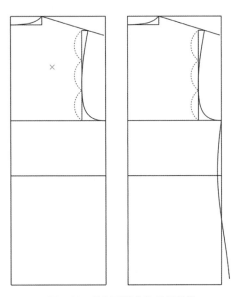

图7-31　绘制后袖窿和后侧缝线

5. 绘制下摆线

使用"智能笔"工具 ，从后侧缝线下端点开始画线，最后一点距离后中线下端点0.5cm，绘制出下摆线，如图7-32所示。

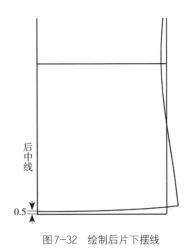

图7-32　绘制后片下摆线

6. 绘制后腰省中心线

使用"等份规"工具，将腰线从左端点到与侧缝交点处进行二等分，使用"智能笔"工具绘制垂直线至胸围线，再将鼠标移至此垂直线靠近下端点处，同时按"Shift"键与鼠标右键，调整此垂直线长度增加15cm，即为后腰省中心线，如图7-33所示。

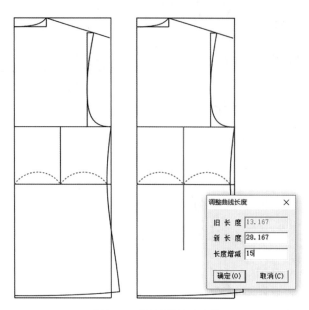

图7-33　绘制后腰省中心线

7.2.4　袖子的结构设计

1. 绘制袖肥线和袖山斜线

使用"智能笔"工具 ✐，画出一条水平线，长度为"36.8"（胸围 × 2/5），即为袖肥线。

使用"比较长度"工具 ✏，分别测量前袖窿线和后袖窿线的长度并记录。本例中前袖山斜线长度为"22.9"，后袖山斜线长为"24.9"。

使用"圆规"工具 **A**，依次单击袖肥线左右端点，向上移动鼠标在空白处单击，在弹出的"圆规"对话框中，输入第1边（后袖山斜线）长度为"24.9"、第2边（前袖山斜线）长度为"22.9"，从而绘制出前、后袖山斜线，如图7-34所示。

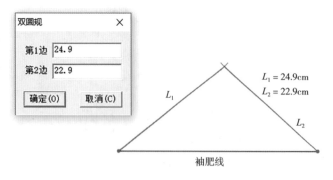

图7-34　绘制袖肥线和袖山斜线

2. 绘制袖中线、袖口线和袖侧缝线

使用"智能笔"工具 ✐，单击袖山顶点，向下画出一条垂直线，长度为"50"（袖长 -4cm），即为袖中线。从袖中线下端点，分别向左向右画出两条水平线，长度分别为"13"和"11"，即为袖口线；

再连接袖口左、右端点和袖肥线左、右端点，绘制出袖侧缝线，如图7-35所示。

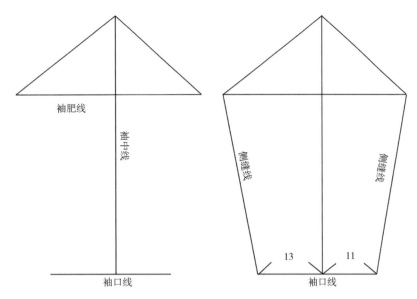

图7-35　绘制袖中线、袖口线和袖侧缝线

3. 绘制袖山曲线

使用"等份规"工具，将右侧袖山斜线（即前袖山斜线）4等分，再使用"角度线"工具，单击前袖山斜线，再单击靠上1/4点处，向上移动鼠标，沿绿色垂线方向单击鼠标，在对话框中输入垂线长度为"1.5"；利用同样的方法，再绘制出其他辅助线。使用"智能笔"工具，经过各关键点绘制出袖山曲线，如图7-36所示。

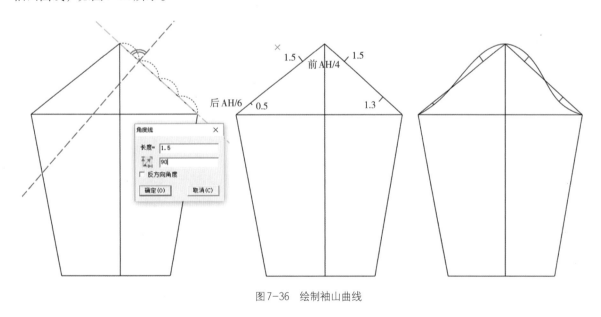

图7-36　绘制袖山曲线

4. 绘制袖克夫

使用"矩形"工具，在空白处绘制矩形，矩形宽度为"20.4" $\left(\dfrac{胸围}{5} + 2cm\right)$ ，矩形高度为"4"，即为袖克夫，如图7-37所示。

图7-37 绘制袖克夫

7.2.5 领子的结构设计

1. 绘制领中线

使用"智能笔"工具 ✐，在空白区域绘制一条垂直线，长度为"9"。

2. 绘制领下口线

使用"智能笔"工具 ✐，从领中线下端点向右绘制一条水平线，长度超出20cm即可；再使用"比较长度"工具 ✐，分别测量后领弧线和前领弧线的长度，本例中后领弧线长为"8.1"，前领弧线长为"12.6"，其中前领弧线要测量到前中线上端点。

使用"智能笔"工具 ✐，从距离领中线下端点2cm处，向右画出水平线，其长度为后领弧线长度8.1cm。

使用"圆规"工具 A，单击水平线右端点，再单击下面的水平线，在弹出的"圆规"对话框中输入长度为12.6cm是前领弧线长度。

使用"智能笔"工具 ✐，沿辅助线画出领座线，如图7-38所示。

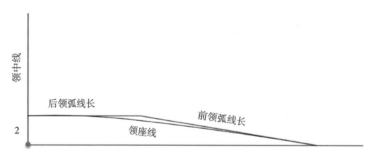

图7-38 绘制领座线

3. 绘制领外口线

使用"智能笔"工具 ✐，从领座线右端点向上做出一条垂直线，长度超出8cm即可。再向右做出垂直线的平行线，两线间距离为5cm。

使用"圆规"工具 A，从领座线右端点向右做出一条直线与右侧垂直线相交，长度为9cm。

再使用"智能笔"工具 ✐，根据设计绘制出领外口线，如图7-39所示。

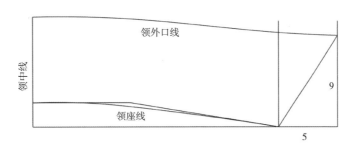

图 7-39　绘制领外口线

7.2.6　裁剪样片

1. 裁剪纸样

使用"剪刀"工具，首先拾取后片的外轮廓线，形成闭合区域后，则样片会填充为灰色，单击右键，则形成带有缝份（默认为1cm）的样片，同时，该样片的缩略图会显示在窗口右侧的纸样列表框里。

此时光标发生变化，可以继续拾取内部线，其中胸围线、腰围线、腰省中心线均为内部线，内部线拾取完毕后单击右键确认，如图7-40所示。在不需要裁剪外轮廓线的情况下，可以使用"剪刀"工具，右击需要拾取内部线的纸样，即可继续拾取内部线。

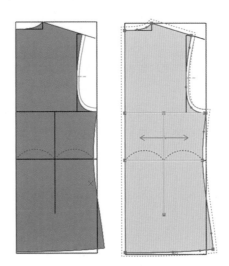

图 7-40　后片纸样的裁剪

双击纸样列表框中的纸样，弹出"纸样资料"对话框，输入纸样的名称、布料名和份数，单击"应用"按钮，如图7-41所示。

图 7-41　"纸样资料"对话框

用同样的办法，将其他样片裁剪出来，并输入纸样资料，再单击快速工具栏上"显示结构线"工具，将结构线隐藏，如图7-42所示。

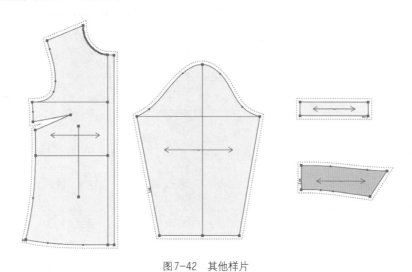

图7-42　其他样片

2. 调整布纹方向

使用"布纹线"工具，将光标移动到布纹线上，右击鼠标，布纹线顺时针旋转45°，再次右击，布纹线变为垂直。左键单击布纹线，可以移动布纹线到合适的位置。用同样的方法，将其他样片的布纹线进行调整。

3. 绘制腰省

使用"锥形省"工具，依次单击后片腰省省线的上下端点，移动鼠标至腰围线与腰省省线的交点处单击左键，弹出"锥形省"对话框，输入"W2"的宽度为"2"，将处理方式设置为"无"，单击"确定"后得到后片腰省，如图7-43所示。

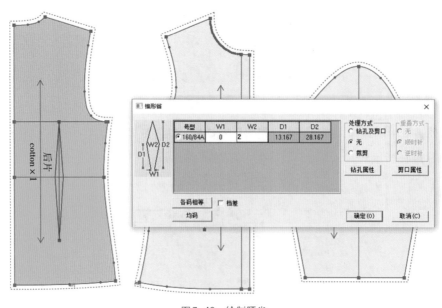

图7-43　绘制腰省

再用同样的方法绘制出前片的腰省，省宽同样为2，如图7-44所示。

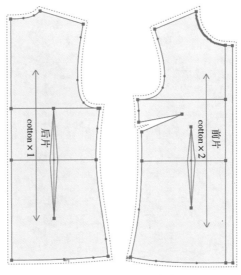

图7-44　腰省绘制完成

4. 绘制扣位

使用"钻孔"工具 ⊕ ，单击前片前中线上端点，弹出"钻孔"对话框，输入起始点纵向移动量为"-2"、扣位个数为"5"、扣位间距为"-9"，单击"确定"按钮后，如图7-45所示。

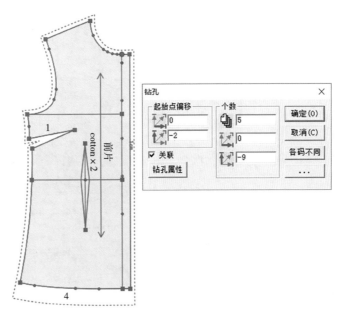

图7-45　绘制扣位

5. 修改缝份量与缝角

使用"加缝份"工具 ，单击后片下摆线，在弹出的"加缝份"对话框中输入缝份量为"4"，修改缝角类型为第二种"按2边对幅"，单击"确定"。再用同样的方法，修改前片下摆和袖口的缝份量与缝角类型，如图7-46所示。

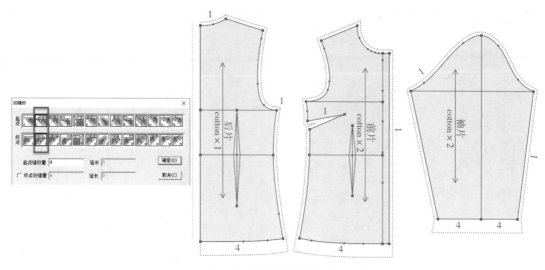

图7-46　修改缝份和缝角类型

6. 对称纸样

使用"对称纸样"工具 ![icon]，单击后中线，则自动生成另一侧的后片，再用同样的方法将领片的另一侧纸样对称出来，这样所有纸样操作完成，如图7-47所示。

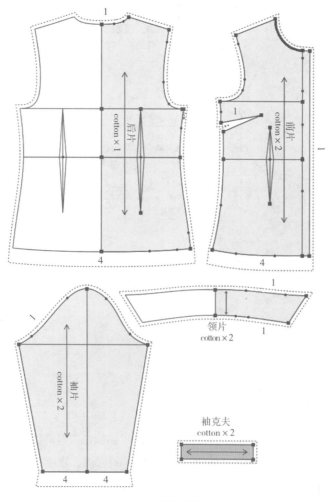

图7-47　全部纸样完成

第 8 章

三维服装模拟应用案例

8.1　CLO3D案例1——连衣裙

连衣裙是深受女士喜爱的一类服装款式，变化多样且四季皆宜。本节案例使用CLO3D的板片绘制工具直接进行连衣裙设计，以了解CLO3D多种板片编辑工具的使用方法，以及进行三维模拟试衣的一般流程。最终三维效果如图8-1所示。

8.1.1　准备工作

在图库窗口中双击"Avatar"，在下方弹出的列表中双击打开"Female_V2"文件，再双击"FV2_Feifei"这个虚拟模特文件，该虚拟模特就显示在3D模拟窗口中，其尺寸和姿势不需要进行调整，如图8-2所示。

8.1.2　绘制板片

本案例没有导入DXF文件，而是在2D板片窗口中直接创建板片。主要使用的工具有"多边形"工具█、"长方形"工具等。

1. 绘制左前片

单击"多边形"工具█，在2D板片窗口中，依次单击鼠标左键，即可绘制出多边形，多边形的最后一点要与第一点重合以构成闭合的图形。如果某个点为曲线点，则需要在单击鼠标左键的同时，按住

图8-1　连衣裙的三维效果图

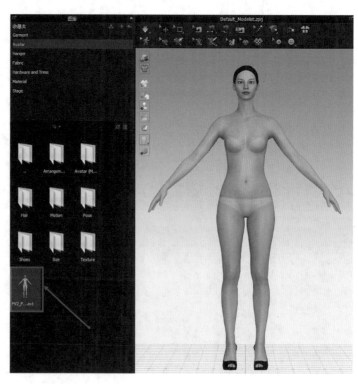

图8-2　添加虚拟模特Feifei

键盘上的"Ctrl"键，从而绘制出连衣裙的左前片，如图8-3、图8-4所示。

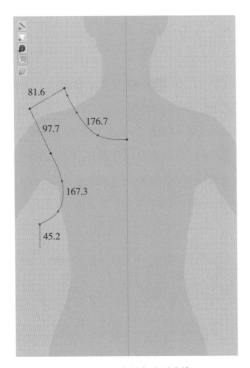

图8-3　绘制多边形曲线

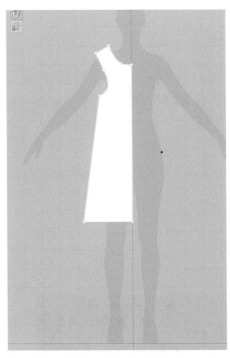

图8-4　左前片绘制完成

2. 绘制口袋

长按"多边形"工具，会弹出一个菜单，单击其中的"长方形"工具（图8-5），在2D板片窗口任意处单击，即弹出"制作矩形"对话框（图8-6），输入矩形宽度为150mm，高度为170mm，其余参数不变，再单击"确认"按钮，即可绘制出一个口袋板片，如图8-7所示。

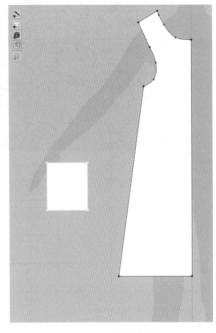

图8-5　"长方形"工具　　　　　图8-6　"制作矩形"对话框图　　　　　图8-7　口袋绘制完成

8.1.3 编辑板片

1. 对称板片

对于板片整体所做的编辑，通常可以使用"调整板片"工具▨。单击"调整板片"工具▨，把光标移动到连衣裙的左前片上，光标会变成十字形，此时单击即可选择整个板片，按住鼠标左键即可拖动整个板片进行移动。移动到合适的位置后，右击此板片，弹出快捷菜单，选择"对称板片（板片和缝纫线）"命令（快捷键为 Ctrl + D），如图 8-8 所示，在 2D 板片窗口就会出现跟随鼠标移动的板片，在合适的位置单击鼠标，即可生成与左前片对称的右前片，操作后两个板片的外轮廓会呈现出淡蓝色，表示两个板片是联动的，只要对其中一个板片进行编辑或缝纫，另一片会自动产生相应的变化。用同样的办法，将口袋板片进行对称，如图 8-9 所示。

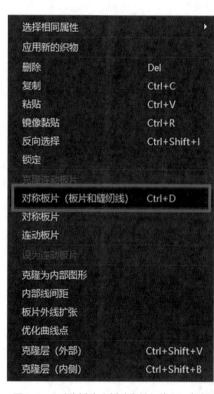

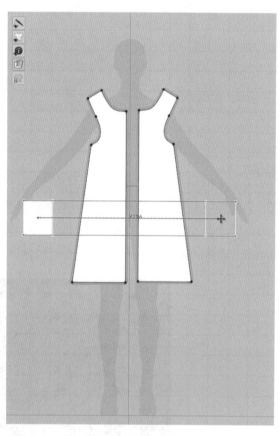

图8-8　"对称板片（板片和缝纫线）"命令　　　　图8-9　对称前片和口袋

2. 编辑前片

如果需要编辑修改板片或点、线等内部图形，可以使用"编辑板片"工具▨。单击"编辑板片"工具▨，左键单击左前片底摆的线条，按住鼠标向下拖拽，如图 8-10 所示，然后单击右键，即可弹出"移动距离"对话框，如图 8-11 所示，输入移动距离为 100mm，然后单击"确认"，可以看到左前片和右前片的底摆都向下移动了 100mm。

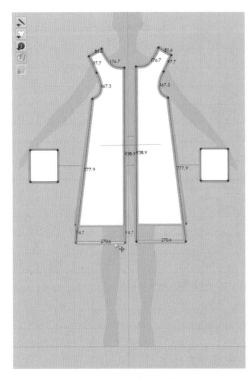

图8-10　裙底摆调整

图8-11　"移动距离"对话框

之后，再使用"编辑板片"工具 单击板片上面的控制点，调整肩点的位置，如图8-12所示。右击袖窿曲线上多余的点，在快捷菜单中选择"转换为自由曲线点"，如图8-13所示。如果曲线不圆顺，则可以长按"编辑板片"工具 ，在弹出的列表中选择"编辑圆弧"工具如图8-14所示，左键按住袖窿曲线进行拖放，调整袖窿曲线的形状，如图8-15所示。其余位置也可以使用类似的方法进行编辑和调整。

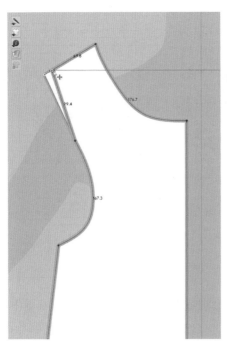

图8-12　调整肩点位置

图8-13　"转换为自由曲线点"命令

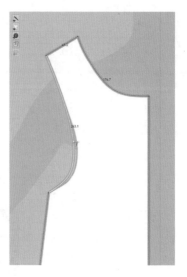

图8-14　"编辑圆弧"命令　　　　　　图8-15　调整袖窿圆弧曲线

3. 生成口袋圆角

长按"编辑板片"工具，在弹出的列表中选择"生成圆顺曲线"工具如图8-16所示，单击口袋左下角的端点，按住鼠标拖动，再单击右键，即可弹出"按照长度生成圆角"对话框如图8-17所示，输入线段1和线段2的值均为25mm，再单击"确认"，用同样的方法，将口袋右下角端点处进行调整，生成同样大小的圆角，这样就把原来的长方形口袋变成了圆角形状的口袋，如图8-18所示。

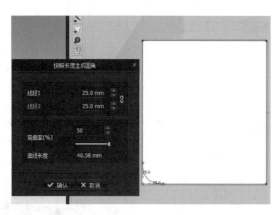

图8-16　"生成圆顺曲线"命令　　　　图8-17　"按照长度生成圆角"对话框　　　　图8-18　口袋绘制完成

8.1.4　复制和展开板片

1. 复制左前片

本节案例中，连衣裙的后片和前片的板片差别不大，因此可以将前片复制出来作为后片的雏形，然后进行相应的修改。使用"调整板片"工具，右击2D板片窗口的左前片，在快捷菜单中选择"复制"（快捷键为Ctrl + C），然后在右侧任意空白处右击，在快捷菜单中选择"粘贴"（快捷键为Ctrl + V），如图8-19所示，在合适的位置单击左键，就可以放置好复制的板片，如图8-20所示。

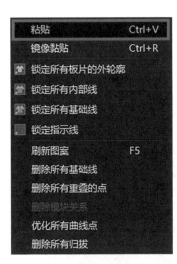

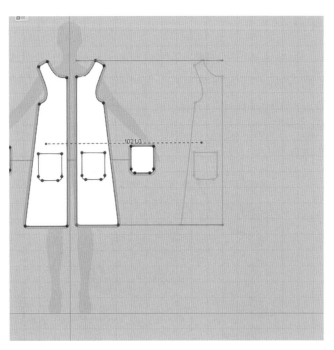

图8-19 "粘贴"命令　　　　　　　　　图8-20 粘贴后片

2. 展开板片

使用"编辑板片"工具 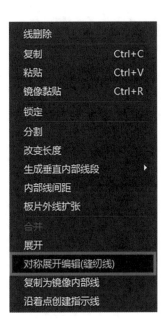 ，右击复制板片的前中线位置，在快捷菜单中选择"对称展开编辑（缝纫线）"命令如图8-21所示，即可将板片以中线为对称轴进行展开如图8-22所示，而且两侧是联动关系，一旦其中一侧进行编辑或者缝纫，另一侧也会随之联动。

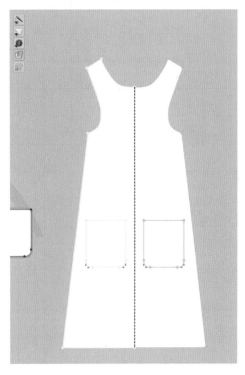

图8-21 "对称展开编辑（缝纫　　　　　图8-22 对称展开后的后片
　　　　 线）"命令

3. 编辑后片

使用"调整板片"工具 ▲，右击后片的口袋内部线，在快捷菜单中选择"删除"，删除后片的口袋内部线。然后使用"编辑板片"工具，左键按住后中线上端点向上拖动，减小后领窝的深度如图8-23所示，然后点击左侧或右侧后领口弧线，在快捷菜单中选择"删除所有曲线点"如图8-24所示，将后领口弧线转变为两段直线，再使用"编辑圆弧"工具 ◢，调整后领口弧线至合适的状态如图8-25所示，这样，后片即处理完毕。

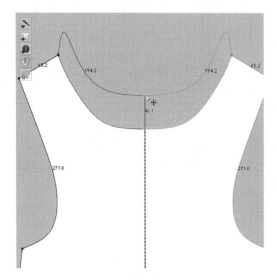

图8-23　减小后领窝深度　　　　　　图8-24　"删除所有曲
　　　　　　　　　　　　　　　　　　线点"命令

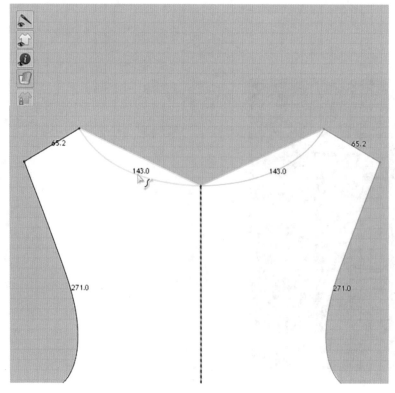

图8-25　编辑后领口弧线

8.1.5 安排和缝纫板片

1. 安排板片

将鼠标放在3D模拟窗口左上角的上面第五个图标上，在弹出的图标中选择"显示安排点"工具，如图8-26所示，即在虚拟模特周围显示出安排点；单击任意板片，再单击适当的安排点，则板片就被安排在身体周边，如果有联动的板片，则与之联动的板片会自动安排在虚拟模特的对称位置。依次安排左前片、右前片、后片和口袋，安排后，有些板片的位置还有些不太合适，可以在3D模拟窗口单击板片，利用蓝色数轴继续调整板片的位置，直至合适位置。后片与虚拟模特距离较近，可以使用鼠标单击后片，在"属性编辑器"中修改"安排"—"间距"，将间距调整为80，如图8-27所示。安排完成后关闭安排点显示，板片在3D板片窗口如图8-28所示。

图8-26 "显示安排点"按钮

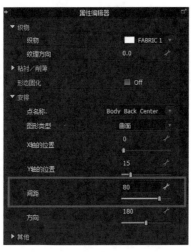

图8-27 调整安排间距数值

图8-28 板片安排完成

2. 缝纫板片

使用"线缝纫"工具■，依次单击右前片和后片的肩线，即可添加两条肩线的缝合线，因为左前片和右前片、后片的左右两边均为联动，所以另一边的两条肩线也同时缝合完毕。值得注意的是，在3D模拟窗口中观察两组肩线的缝纫线，如果出现缝纫线交叉的情况，则需要使用"编辑缝纫线"工具■，右击将其删除。用同样的方法再缝合前中线和侧缝。口袋处可以使用"自由缝纫"工具，依次在口袋边缘和口袋内部线单击并拖曳鼠标，完成口袋的缝纫，两边的口袋也为联动关系，所以只要缝纫一边，另一边也可以完成缝纫，最终完成所有缝纫，如图8-29所示。

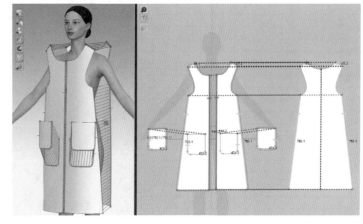

图8-29 缝纫板片

8.1.6　虚拟试衣

1. 初步模拟

检查缝纫无误后，单击3D模拟窗口上方的"模拟"工具■（快捷键为空格键），服装即可模拟穿着在虚拟模特上，可以使用鼠标拖拽进行服装的整理，初步模拟效果如图8-30所示。

图8-30　初步模拟效果

2. 调整板片并再次模拟

通过观察发现前袖窿较大，连衣裙上半部分偏紧，因此可以继续使用"编辑板片"工具■和编辑圆弧命令对前袖窿曲线和侧缝进行修改，如果其他位置有不服帖或者不合适的情况，也可以用同样的方法进行修改。调整完毕后，再次进行模拟，直至板片合体，如图8-31所示。

图8-31　再次模拟效果

3. 虚拟模特姿势修改

打开图库窗口的"Avatar"，找到"Female_V2"中的"Pose"，双击虚拟模特手臂放下的"I"字形姿势如图8-32所示，即可弹出打开姿势的对话框，按照图8-33进行设置后单击"确认"，虚拟模特的姿势会发生变化，同时服装也会随之变化，如图8-34所示。

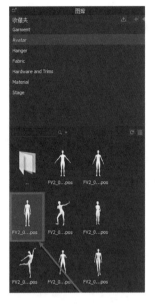

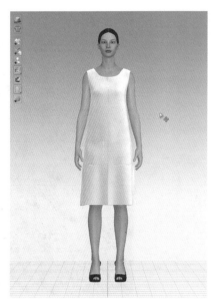

图8-32 选择虚拟模特姿势   图8-33 "加载姿势"对话框   图8-34 姿势调整完成

4. 粒子间距调整

现在模拟的服装略显粗糙，这是因为在默认的状态下，所有板片的粒子间距为20mm，相对较大，无法表现出精致的细节，因此，使用"调整板片"工具，框选所有板片，在右侧的"属性编辑器"中修改粒子间距为5～10mm，如图8-35所示，再重新模拟，就可以达到较好的模拟效果。

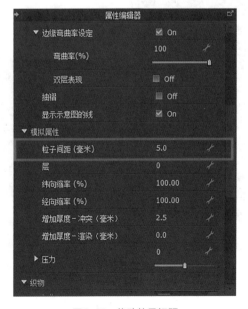

图8-35 修改粒子间距

5. 面料设置

单击右上角物体窗口中的"FABRIC1",这是CLO3D的默认面料。在下方属性窗口中,修改面料的类型为"Fabric Silk/Satin",再修改下方的颜色,如图8-36所示,即可看到服装的面料会呈现出丝绸的质感,如图8-37所示。这样,一条连衣裙就模拟完成了。

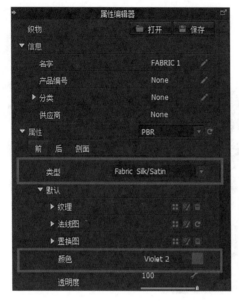

图8-36 修改面料类型与颜色

图8-37 面料修改完成

6. 保存文档

选择"文档"菜单下"另存为"—"项目"(快捷键为Ctrl + Shift + S),将文件保存为项目文件,如图8-38所示,扩展名为".zprj",同时还会保存一个同名的".png"图片文件。

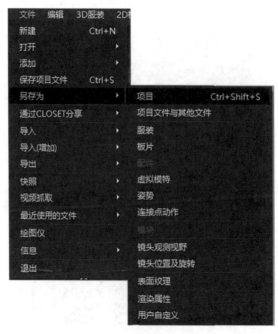

图8-38 保存项目文件

8.2 CLO3D案例2——三开身女西服模拟

西服是职业女性颇为喜爱的款式，根据裁片结构不同，可以分为三开身、四开身、八开身等，其中三开身女西服就是将胸围分为三份，由两个前片和一个后片构成。本节将模拟一件三开身女西服，其最终效果如图8-39所示。

（a）正面图　　　　　　　　（b）左侧图　　　　　　　　（c）背面图

图8-39　三开身女西服模拟最终效果

8.2.1 准备工作

1. 添加并设置虚拟模特

新建一个CLO3D文档，添加"FV2_Feifei"这个虚拟模特，然后点击"虚拟模特"菜单中"虚拟模特编辑器"命令，如图8-40所示，打开"虚拟模特编辑器"对话框，输入高度（即身高）为1700mm，宽度（即胸围）为820mm，然后关闭此对话框，虚拟模特尺寸即设置完成，如图8-41所示。

删除虚拟模特
删除所有虚拟模特
删除所有场景/道具
测量　　　　　▶
打开动作
虚拟模特编辑器
自动转换虚拟模特
自定义头发/鞋子

图8-40　"虚拟模特"菜单

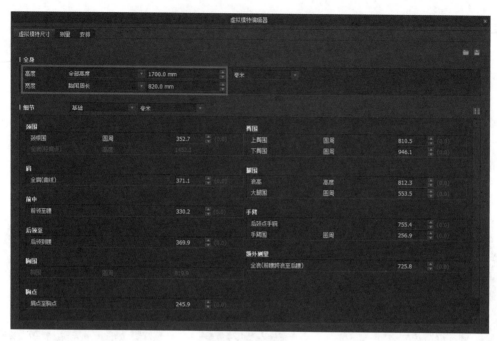

图8-41 "虚拟模特编辑器"对话框

2. 导入 DXF 文件

如图8-42所示，打开"文件"菜单，选择"导入"—"DXF（AAMA/ASTM）"命令（快捷键为 Ctrl + Shift + D），选择本书提供的素材文件"三开身西服纸样.dxf"并确认，此时会弹出"导入DXF"对话框，如图8-43所示，注意加载类型为"打开"，其余为默认设置。单击"确认"按钮，三开身西服的板片就被导入当前窗口中，如图8-44所示。

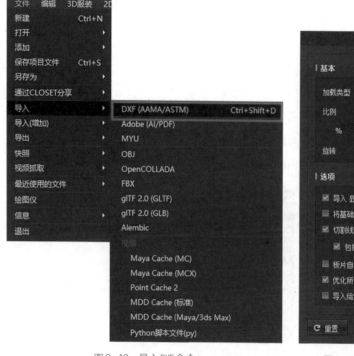

图8-42 导入DXF命令

图8-43 "导入DXF"对话框

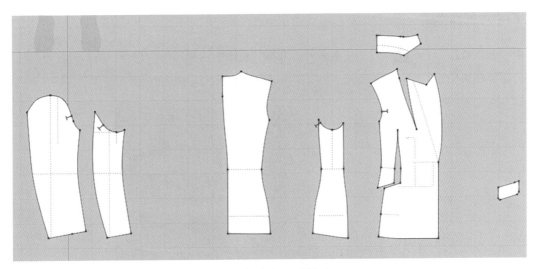

图8-44　板片导入2D板片窗口

8.2.2　编辑板片

1. 对称板片

在2D板片窗口使用"调整板片"工具，将相应板片进行对称操作，并拖动板片，将其放置在合适的位置，再使用"编辑板片"工具，对领片以中线为对称轴进行对称展开操作，最终效果如图8-45所示。

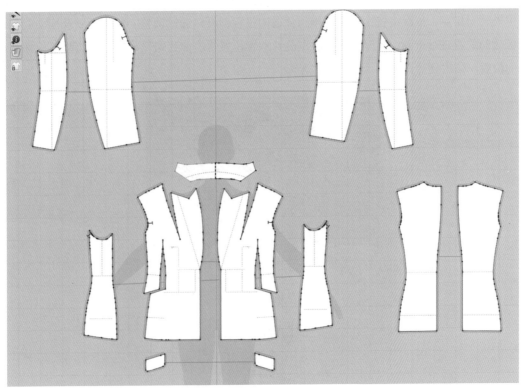

图8-45　西服板片编辑完成

2. 口袋内部线生成

使用"调整板片"工具 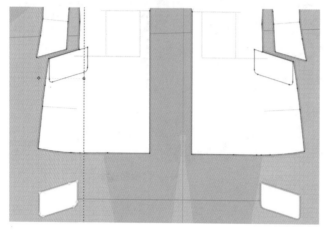，右击袋盖板片，选择"克隆为内部图形"命令，拖动鼠标至前片对应位置单击，即可在前片上生成口袋内部线，如图8-46所示。

图8-46　克隆口袋内部线

8.2.3　安排板片并缝纫

1. 安排板片

单击3D模拟窗口上方"重设2D安排位置"工具 ，所有板片在3D模拟窗口的位置会进行更新。再打开虚拟模特安排点，依次将各个板片安排到合适的位置，可以通过调整安排间距以及拖动蓝色数轴进一步对板片的位置进行微调，此时应将西服左前片放置位置比右前片略微靠前，且将袋盖板片拖动到前片之前的位置，以方便后期模拟，如图8-47所示。

图8-47　女西服板片安排

2. 折叠安排板片

前片的驳头处需进行翻折，而翻折线是不能编辑的基础线，因此可以使用"勾勒轮廓"工具，右击 2D 板片的前片驳头部分翻折线，选择"勾勒为内部图形"，如图 8-48 所示，将翻折线转变为可以编辑的内部线。同理，将领子板片的翻折线也勾勒为内部图形，如图 8-49 所示。

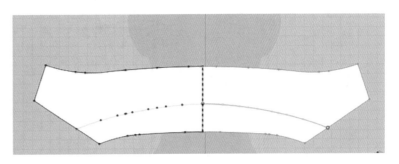

图 8-48 勾勒驳头翻折线为内部图形　　　　　图 8-49 勾勒领口翻折线为内部图形

然后在 3D 模拟窗口中，使用"折叠安排"工具，将前片左右两侧的驳头翻折到合适的角度，如图 8-50 所示。用同样的方法将后领口也进行翻折。

图 8-50 翻折驳头

3. 缝纫板片

与上一节连衣裙不同，西服板片上曲线控制点较多，所以不适合使用"线缝纫"工具，而是使用"自由缝纫"工具。如果缝纫的两边均为连续的边，则可以鼠标依次单击第一条边的起点和终点，以及第二条边的起点和终点，即可完成缝纫。如果缝纫的一条边连续而另一条边不连续，则需要先单击连续的那条边的起点和终点，然后单击另一条边的起点后，按住键盘的"Shift"键，再依次单击多段边的起点和终点，直至完成缝纫。完成缝纫的女西服板片如图 8-51 所示。此时还需要在 3D 模拟窗口仔细检查缝纫线的情况，排除错误的缝纫。

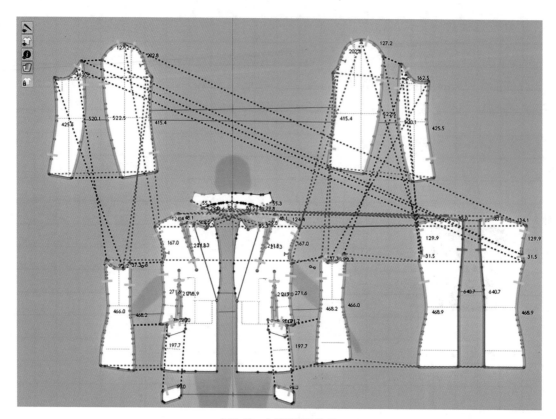

图8-51　女西服板片缝纫

8.2.4　虚拟试衣

1. 初步模拟

在2D板片窗口，使用"调整板片"工具将所有板片全部框选，右击选择"硬化"命令（快捷键为Ctrl + H），将所有板片进行硬化，这样所有板片将会在模拟时呈现出比较硬的状态，减少不必要的板片冲突。然后单击"模拟"工具进行初步模拟，并用鼠标拖拽进行服装整理，效果如图8-52所示。

图8-52　女西服初步模拟效果

2. 添加纽扣和扣眼

导入的服装板片，纽扣的位置线条属于基础线，因此需要使用勾勒轮廓工具，将其转变为内部线，然后使用"纽扣"工具，依次单击纽扣位置点，纽扣就可以添加上去了，同时在3D视窗也可以看到纽扣出现在对应的位置。同理，长按"纽扣"工具，单击"扣眼"工具如图8-53所示，再将扣眼添加到对应的位置，如图8-54所示。

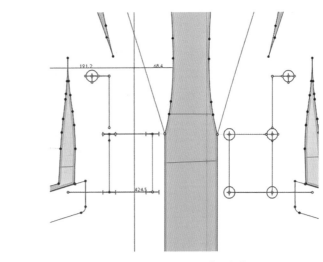

图8-53 "扣眼"工具　　　　　　　　图8-54 纽扣和扣眼的添加位置

纽扣和扣眼添加完毕后，单击"系纽扣"工具，鼠标依次单击对应的纽扣和扣眼，即可创建系纽扣关系，全部纽扣和扣眼设置完成后，重新模拟，3D模拟视窗中的西服纽扣就系好了。如果出现板片冲突或者纽扣冲突的情况，可以使用鼠标在3D窗口进行拖拽整理，完成后的效果如图8-55所示。

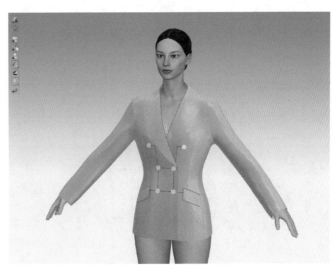

图8-55 系纽扣完成效果

3. 虚拟模特姿势设置

将虚拟模特的姿势修改为手臂放下的"I"字形姿势，查看服装模拟的效果，针对不服帖或者冲突的位置，进行错误检查和整理，如图8-56所示。

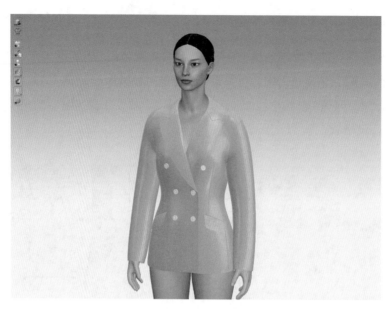

图8-56 虚拟模特姿势设置

4. 解除硬化及降低粒子间距

使用"调整板片"工具 ，在2D板片窗口框选全部板片，右击打开快捷菜单，选择"解除硬化"命令，然后在右侧的属性编辑器中修改全部板片粒子间距为8mm，再重新模拟，就可以达到较好的模拟效果，如图8-57所示。

图8-57 重新模拟效果

5. 面料设置

在物体窗口选择FABRIC1，在下方的属性窗口中单击"纹理"右侧第一个按钮，如图8-58所示，在文件夹中选择本书提供的西服面料纹理文件"TEX_Stripe 条纹 .jpg"，确认打开后，3D服装面料就更改为灰色的条纹面料，如图8-59所示。

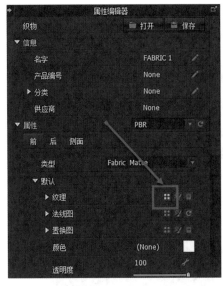

图8-58 设置纹理按钮图

图8-59 加载纹理文件后的3D效果

为了增强面料的真实质感，需要再设置面料的法线图。单击属性编辑器中"法线图"后面第一个按钮，如图8-60所示，在弹出的对话框中，显示了CLO3D内置的一些法线图，选择"Cotton_Heavy_Twill_NRM.jpg"文件（图8-61），单击"打开"，面料会呈现出斜纹的肌理。

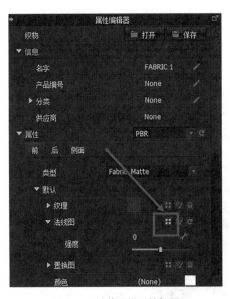

图8-60 法线图设置按钮图

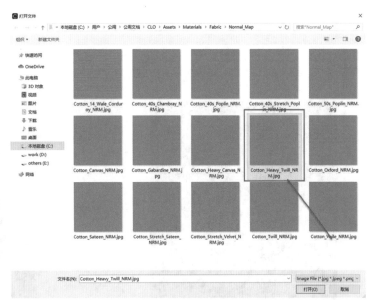

图8-61 选择法线图文件

单击"编辑纹理"工具，在2D窗口单击板片，会在屏幕右上方看到一个纹理编辑数轴，如图8-62所示，在不同的方向拖动鼠标，可以实现纹理在X方向、Y方向或者XY方向的同时缩放，在圆弧处拖动鼠标，则可以改变纹理的方向。本案例中沿XY方向向内拖动数轴，使纹理变得更加细密。

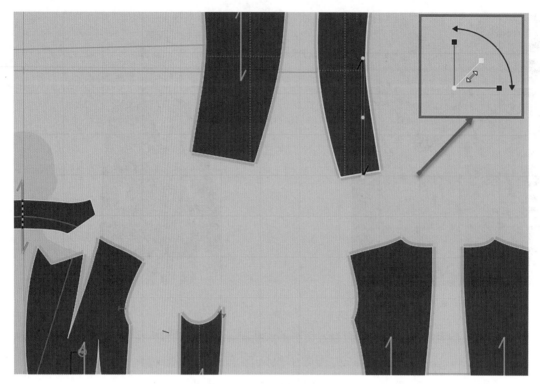

图8-62　纹理编辑数轴

　　最后，单击物体窗口中"FABRIC1"，在属性编辑器中修改面料的物理属性，在"细节"下方的列表中，依次修改弯曲强度-纬纱、弯曲强度-经纱和对角线的值为"30"，如图8-63所示。弯曲强度增大会提升面料的硬挺程度，使整件西服看上去更加笔挺，如图8-64所示。

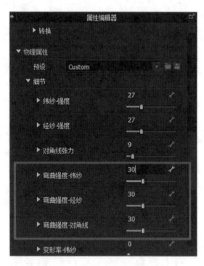

图8-63　面料弯曲强度设置

图8-64　面料设置完成后的模拟效果

6. 纽扣设置

　　单击物体窗口中默认纽扣"Default Button"，在下方属性编辑器中单击图形右侧的按钮，在列表中选择方形纽扣，如图8-65所示，可以看到3D服装上的纽扣也随之发生变化。然后依次修改下方的纽扣宽度为16mm，类型为"Metal"，颜色为"黄色"，即可完成纽扣的修改，如图8-66所示。同理，再将扣眼大小改为18mm，颜色修改为"灰色"，如图8-67所示。至此，女西服的模拟已全部完成，如图8-68所示。

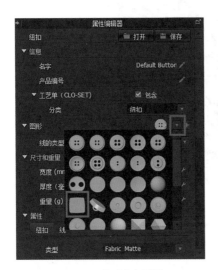

图8-65　修改纽扣形状

图8-66　设置纽扣属性

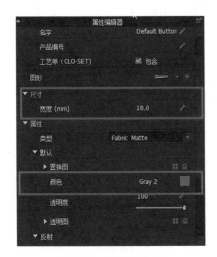

图8-67　设置扣眼属性

图8-68　女西服模拟完成

8.2.5　渲染

为了得到接近真实效果的模拟图，需要对完成模拟的女西服进行渲染，从CLO4.0开始新增了V-Ray渲染，V-ray渲染器通过材质、灯光与渲染的设置可以轻易渲染出高品质的效果图，弥补3D软件中的一些不足，能渲染出更加逼真和复杂的服装，缝纫线和缝纫褶皱也会更清晰。

1. 设置渲染厚度

使用"调整板片"工具，框选全部板片，在右侧属性编辑器中，设置所有板片的渲染厚度为2mm，如图8-69所示。

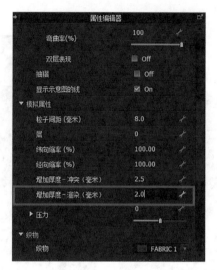

图8-69　渲染厚度设置

2. 隐藏虚拟模特

将鼠标移至3D模拟窗口左上角第五个按钮上，在弹出的一行按钮中单击第一个"显示虚拟模特"按钮，如图8-70所示，将虚拟模特隐藏，屏幕上只显示西服的模拟。

图8-70　"显示虚拟模特"按钮

3. 渲染属性设置

选择"渲染"菜单下"渲染"命令，如图8-71所示，可以打开渲染窗口。单击渲染窗口上方"同步渲染"工具，即可在渲染窗口中看到渲染的西服模型。

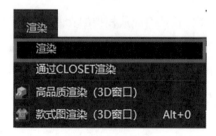

图8-71　"渲染"菜单

为了达到较好的渲染效果还需要进一步进行设置，首先使用"图片/视频属性"工具，在属性编辑器中修改图片尺寸为"1920像素×1080像素"，背景透明度为"On"，再设置渲染图片保存的路径，如图8-72所示。

再使用"渲染属性"工具，在属性编辑器中依次修改噪点值为0.02，最长渲染时间为50分钟，光源与属性品质均为"High"，如图8-73所示。

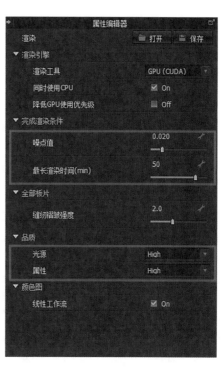

图8-72　图片/视频属性设置　　　　　　图8-73　渲染属性设置

4. 完成渲染

设置完成后，单击键盘上的数字"2"（或在3D窗口右击空白处，选择"前"），将服装视角切换到正前方，滑动鼠标滚轮调整到合适的比例，同步渲染查看渲染效果，如果没有问题，就可以单击"停止渲染"工具，再单击"最终渲染（图片/视频）"工具，等待渲染完成即可，完成后，会自动弹出对话框提示用户打开文件或关闭，如图8-74所示。完成的渲染图会比单纯的模拟图更好地展现服装细节、面料质感和环境光线，达到更真实的模拟效果，如图8-75所示。

图8-74　渲染完成提示框　　　　　　图8-75　渲染后的局部模拟效果

8.3　Style3D案例1——卫衣的模拟

卫衣是人们春秋季节首选的休闲服饰，一般比较宽松，结合不同的色彩、印花和面料，可以兼顾时尚性与功能性，尤其受年轻人和热爱运动人士的喜爱。本案例使用Style3D来进行男式卫衣的模拟，其最终效果如图8-76所示。

8.3.1　准备工作

1. 添加并设置虚拟模特

打开Style3D，在场景管理视窗的素材库中，双击"虚拟模特"，在下方的虚拟模特列表中选择名为"马可"的虚拟模特，如图8-77所示，该虚拟模特就会显示在3D服装视窗，在视窗中进行缩放、平移或旋转的操作方法与CLO3D完全相同。

2. 导入DXF文件

如图8-78所示，单击"文件"栏中的"导入"工具 ![导入] ，在菜单中选择"导入DXF文件"命令（快捷键为Ctrl + Shift + D），选择本书提供的素材文件"男式卫衣纸样.dxf"并确认，此时会弹出"导入DXF"对话框，如图8-79所示，注意加载类型为"打开"，其余为默认设置。单击"确认"按钮，男式卫衣的板片（Style3D中将纸样称为"板片"，与CLO3D中所指的"板片"含义相同）就被导入当前窗口中。

8.3.2　编辑板片

1. 排列板片及设置对称

首先在2D板片视窗使用"开始"栏中"选择/移动"工具 ![选择/移动] ，将各个板片按照其功能排列整齐，删除帽绳板片，然后同时选择左、右袖片之后右击，在快捷菜单中选择"设为对称板片（板片和缝纫线）"将二者设置为对称联动，再用同样的方法，将两个袖克夫和两个帽片都设置为对称联动板片。

2. 勾勒轮廓

使用"板片"栏上的"勾勒轮廓"工具 ![勾勒轮廓] ，选择右帽片

图8-76　卫衣最终效果

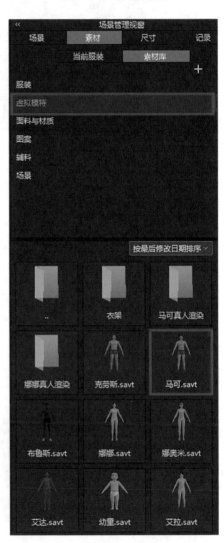

图8-77　添加虚拟模特"马可"

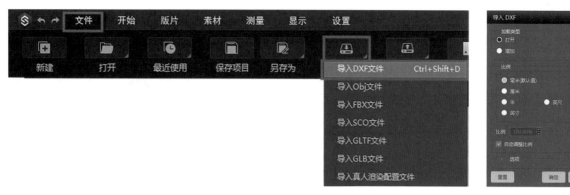

图8-78 导入DXF命令

图8-79 "导入DXF"
对话框

边缘处、前片口袋处、后片后中线处和左、右袖片顶端的内部基础线，然后按下键盘上的"Enter"键，将其转换为内部线和内部图形，也可以直接右击基础线，在快捷菜单中选择"勾勒为内部图形"命令。

3. 设置后片对称轴

使用"开始"栏上的"编辑板片"工具，右击后片的后中线，在快捷菜单中选择"设为对称轴"命令，将后片设置为以后中线为对称轴的图形，以方便后续的缝纫操作。板片编辑完成后，2D板片视窗如图8-80所示。

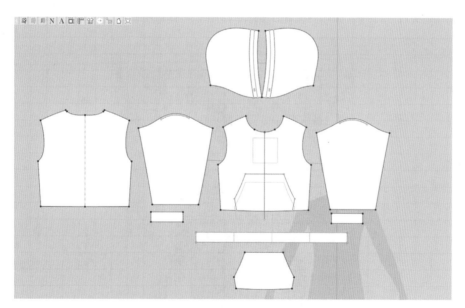

图8-80 板片编辑后的2D板片视窗

8.3.3 安排和缝纫板片

1. 安排板片

单击3D服装视窗左上角第一个按钮，如图8-81所示，在虚拟模特周围会出现蓝色的安排点，选择2D板片视窗中的板片，再单击对应的安排点，板片即被安排在安排点所在的位置，然后还可以使用蓝色数轴对其位置继续进行调整，直至合适为止，如图8-82所示。

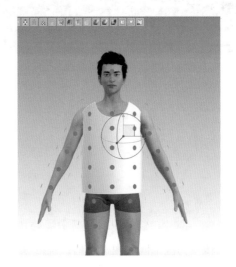

图8-81 "显示安排点"按钮

图8-82 安排板片

2. 缝纫板片及硬化

将板片全部安排好之后，就可以开始缝纫了，主要使用"开始"栏中的"线缝纫"工具![图标]和"自由缝纫"工具![图标]，其操作方法与CLO3D的"线缝纫"工具和"自由缝纫"工具完全相同。按照板片的缝纫关系，将所有板片进行缝合。然后使用"选择/移动"工具将所有板片设置为硬化效果，如图8-83所示。

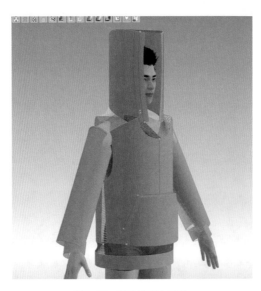

图8-83 板片缝纫与硬化

3. 帽口边缘的折叠安排和缝纫

帽口边缘处需要进行卷边处理，可以选择"开始"栏上的"折叠安排"工具![图标]，在3D服装视窗，单击帽口折叠线，拖动折叠光标来调整折叠的方向，如图8-84所示，并按照折叠的形状，将这个位置进行褶线的缝纫，如图8-85所示。

图8-84 帽口折叠安排

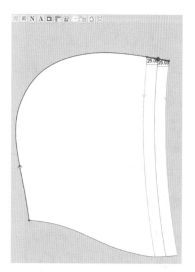
图8-85 帽口的缝纫

8.3.4 虚拟试衣

1. 初步模拟

检查安排与缝纫无误后，单击"开始"栏的"模拟"工具 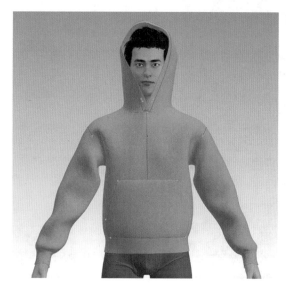（快捷键为空格键），服装即模拟穿着在虚拟模特身上，可以使用鼠标在3D服装视窗拖拽服装，以调整穿着效果，如图8-86所示。

图8-86 初步模拟完成

2. 帽子的整理及降低粒子间距

在模拟状态下，使用鼠标将帽子拖拽到身后，调整帽子的形态至合适，然后将所有板片解除硬化，选中所有板片后，在"属性编辑视窗"中将所有板片的粒子间距降低为8，如图8-87所示，再选择单击"模拟"工具，查看并调整模拟效果，如图8-88所示。

图8-87　设置粒子间距

图8-88　再次模拟效果

3. 粘衬

经过观察，卫衣的袖口和下摆比较柔软，缺乏螺纹布硬挺的效果，因此，选中两个袖口板片和下摆板片，在"属性编辑视窗"中设置"粘衬"属性为"开"，如图8-89所示，此时这几个板片会呈现出粉色，再次进行模拟后，其硬挺效果就可以满足需求，如图8-90所示。之后再将除了帽子板片之外其余的板片进行"冷冻"操作。

图8-89　设置"粘衬"属性

图8-90　粘衬后模拟效果

4. 添加帽绳和气眼

在场景管理视窗中，选择"素材库"—"辅料"，进入"帽绳"文件夹，双击"帽绳.sgar"文件，如图8-91所示，在"打开服装文件"对话框中选择加载类型为"添加"（图8-92），则帽绳板片会添加至2D板片视窗，将其移至帽子板片附近。

图8-91　添加帽绳

图8-92　选择加载类型

使用"线缝纫"工具，将帽绳上端与帽子边缘的两段内部线进行缝纫，如图8-93所示。缝纫后，在3D服装视窗可以看到帽绳上端各有一个固定针，分别在两个固定针处右击，在快捷菜单中选择"删除选择的固定针"，将固定针删除，如图8-94所示。再进行模拟和调整，直至没有冲突，再将帽绳板片冷冻起来。

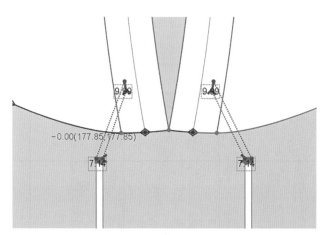

图8-93　缝纫帽绳

图8-94　删除帽绳上的固定针

在"场景管理视窗"中，选择"当前服装"—"图案"，单击其右上角的"打开文件"按钮，如图8-95所示，选择本节素材文件夹中"气眼.png"文件并打开，则气眼图案会添加在图案列表中。

图8-95　添加图案文件

选中"气眼"图案，使用"素材"栏中"图案"工具，在帽子板片与帽绳缝合处单击，"气眼"图案会添加到此处。使用"调整图案"工具，切换至3D服装窗口，单击气眼图案，用鼠标拖动气眼周围的控制点，可以调整气眼的大小和位置，直至合适为止，如图8-96所示。

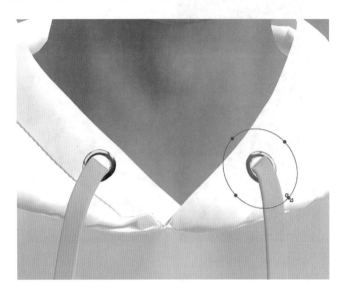

图8-96　调整气眼图案的大小和位置

5. 调整虚拟模特姿势

将所有冷冻的板片解冻，打开"模拟"，单击虚拟模特，在右侧的"属性编辑视窗"中选择姿势为"I"的姿势，如图8-97所示，则服装会随着虚拟模特的姿势变化而变化，直至姿势调整完毕后关闭模拟。单击3D服装视窗上方右数第二个"隐藏样式3D"按钮，将原有服装上因为粘衬、冷冻或硬化等带来的颜色变化隐藏起来，如图8-98所示。

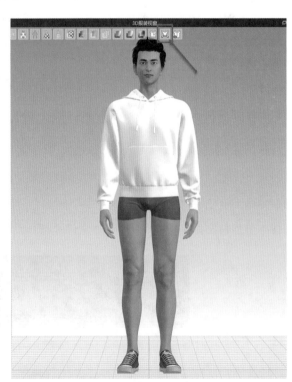

图8-97　修改模特姿势
为I型

图8-98　隐藏样式3D

6. 设置面料

在场景管理视窗中，选择"当前服装"—"织物"，单击右上角"打开文件"按钮，如图8-99所示，将本节提供的素材文件"织物—螺纹.sfab""织物—卫衣面料.sfab"和"织物—织带.sfab"选中并打开，将三个面料文件添加至织物列表中。

图8-99　添加织物文件

选择袖口和下摆的板片，在织物列表中右击"罗纹"织物，在快捷菜单中选择"应用到选中板片"，则袖口和下摆均应用了"罗纹"织物。使用同样的办法，将袖子、衣身、帽子和口袋均应用"卫衣面料"织物，将帽绳应用"织带"织物，如图8-100所示。

图8-100　应用织物到板片

在织物列表中选择"螺纹"织物，在"属性编辑视窗"中修改纹理颜色为卡其色（R149，G129，B90），纹理的"颜色混合模式"修改为"换色"，如图8-101所示。再用同样的方法将"卫衣面料"和"织带"织物进行修改。帽绳的端子需要使用"选择/移动"工具选中后，在快捷菜单中直接修改其纹理的颜色。

图8-101　修改织物颜色及混合模式

7. 添加图案

在场景管理视窗中，选择"当前服装"—"图案"中的默认图案，使用"图案"工具将默认图案添加到前片的中上位置，使用"调整图案"工具调整该图案的大小和位置。然后在"属性编辑视窗"中选择"编辑图案样式"，修改其渲染类型为"绒"，并将颜色修改为深卡其色，颜色混合模式修改为"换色"，如图8-102所示。

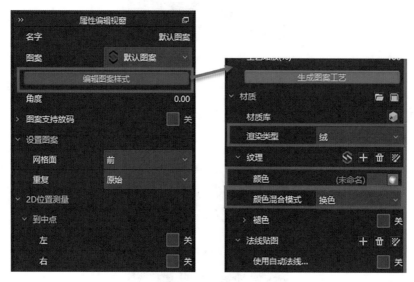

图8-102　编辑图案样式和颜色

最后，右击虚拟模特，在快捷菜单中选择"隐藏模特"，如图8-103所示，只保留服装，其整体的模拟效果如图8-104所示。

图8-103　隐藏模特图　　　　　　　图8-104　卫衣模拟完成

8.4 Style3D案例2——卫裤的模拟

卫裤通常是指由棉或涤纶两种面料制作的运动裤，它可以与卫衣相搭配，也可以与T恤、衬衫或风衣外套相搭配。有的卫裤会使用内部拉绒的面料以适应秋冬季节穿着。本节案例使用Style3D进行男式卫裤的模拟，并与上节的卫衣搭配成一套，其渲染最终效果如图8-105所示。

8.4.1 准备工作

1. 添加并设置虚拟模特

打开Style3D，在场景管理视窗的素材库中，双击名为"马可"的虚拟模特，将该虚拟模特添加到3D服装视窗。

2. 导入 DXF 文件

在"文件"栏中单击"导入"按钮 ，在菜单中选择"导入DXF文件"命令，选择本书提供的素材文件"卫裤纸样.dxf"，将卫裤的板片导入当前窗口中，如图8-106所示。

图8-105 卫衣套装渲染效果

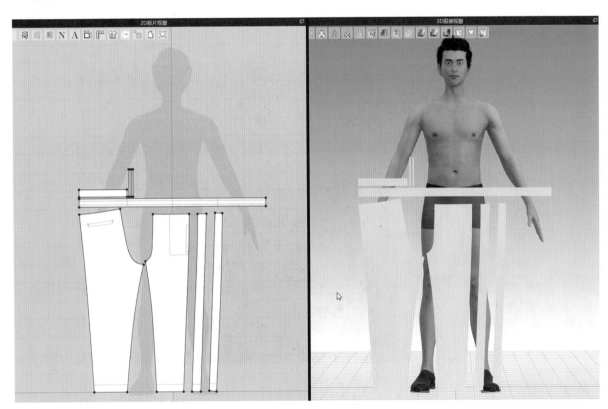

图8-106 导入卫裤纸样文件

8.4.2　腰头的模拟

1. 复制并设置松紧带板片

首先在2D板片视窗使用"开始"栏中"选择/移动"工具 ，右击腰头板片，在快捷菜单中选择"复制"命令（Ctrl + C），再次右击，选择"粘贴"命令（Ctrl + V），原腰头板片作为松紧带板片，将复制好的腰头板片放在松紧带板片的下方。除了松紧带板片外，将其余板片全部选中，右击，在快捷菜单中选择"失效（板片和缝纫线）"命令，此时，在3D服装视窗中失效的板片会呈现半透明的蓝色，如图8-107所示。

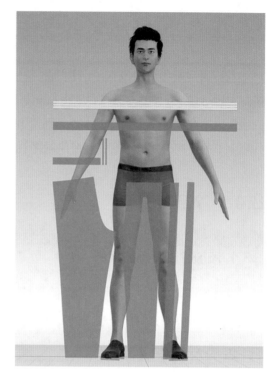

图8-107　设置板片失效

2. 松紧带的模拟

打开虚拟模特安排点，将松紧带板片安排在虚拟模特腰部，并使用"线缝纫"工具将松紧带两端进行缝纫，如图8-108所示。

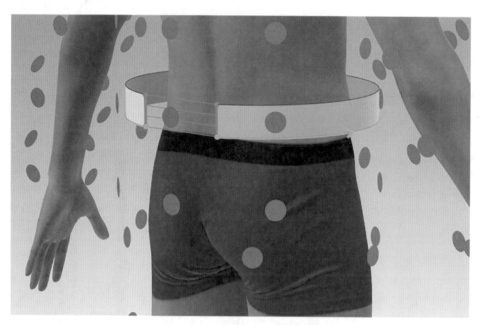

图8-108　松紧带板片的安排与缝纫

选中松紧带板片，在属性编辑视窗中修改其纬向缩率为75%（图8-109），打开模拟，调整板片在合适的位置后，将其冷冻，如图8-110所示。

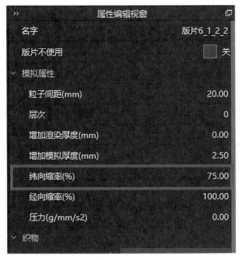

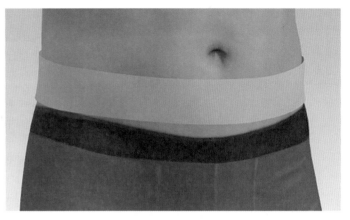

图8-109 设置纬向缩率

图8-110 冷冻松紧带板片

3. 外层腰头的模拟

激活刚才失效的腰头板片，在属性编辑视窗将其粒子间距修改为"2～3"，层次修改为"1"，模拟厚度为"0"，如图8-111所示。使用"勾勒轮廓"工具，将松紧带板片及外层腰头板片内部横向的两条基础线勾勒为内部图形，再将外侧腰头板片两端缝合，并且与松紧带板片四周及内部横向线条进行缝合。

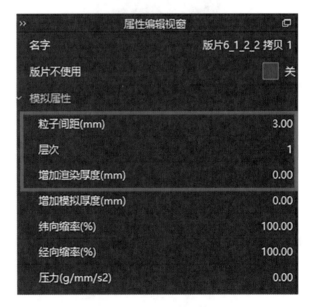

图8-111 腰头板片的属性设置

在3D服装视窗右击外侧腰头板片，在快捷菜单中选择"移动到外面"，则该板片会自动覆盖在松紧带外侧，将松紧带板片解冻后，打开模拟，则外层腰头会呈现出松紧的状态。待模拟稳定后，将外层腰头的层次修改为"0"，使用"编辑板片"工具，选择外侧腰头内部的两条横向分割线，在"属性编辑视窗"设置其"网格细化"属性为"开"，则褶皱效果会更为细致，如图8-112所示。将外层腰头板片冷冻，并将松紧带板片设置为失效并隐藏起来。

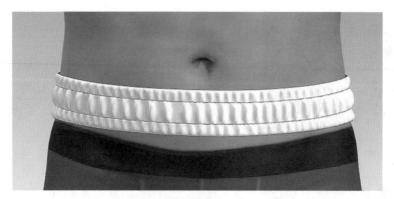

图8-112　网格细化后的腰带效果

4. 内层腰头的模拟

右击外层腰头板片，在快捷菜单中选择"生成里布层（里侧）"（图8-113），则会自动生成一个内层腰头板片，且与外层腰头自动缝纫。模拟后将内层腰头板片也冷冻起来。

图8-113　生成里布层（里侧）命令

8.4.3　裤身的模拟

1. 激活并编辑板片

激活除袋唇外所有板片，并将这些板片执行"对称（板片和缝纫线）"操作。再使用"勾勒轮廓工具"将裤身前片和后片的袋口处基础线勾勒为内部图形，再将裤脚处的内部线也勾勒为内部图形，如图8-114所示。

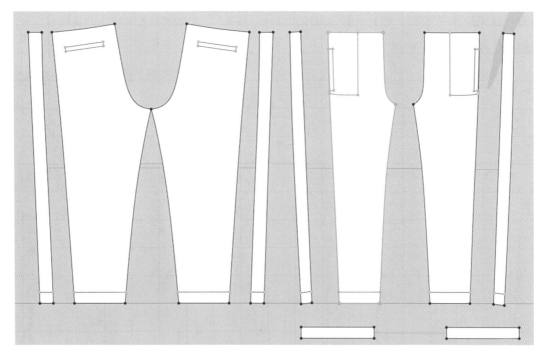

图8-114　板片对称与勾勒轮廓

使用"选择/移动"工具，选中前片袋口的内部图形，右击，选择"转换为洞"如图8-115所示。再选中一个后片袋口的内部图形，右击，选择"克隆为板片"命令，增加后片的袋口板片，如图8-116所示。同理，再将另一个后片的袋口板片克隆出来，同时选择两个袋口板片，将二者"设为对称板片（板片和缝纫线）"。

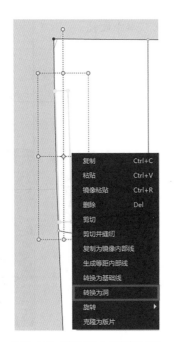

图8-115　前片袋口"转换为洞"

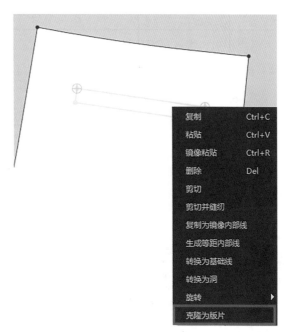

图8-116　后片袋口"克隆为板片"

2. 安排并缝纫板片

打开虚拟模特安排点，将裤身板片安排在虚拟模特适当的位置，并进行缝纫，如图8-117所示。将两个裤脚板片设置为"失效"，将其余裤身板片设置为"硬化"，检查缝纫无误后，开启模拟，并用鼠标调整至稳定状态，如图8-118所示。

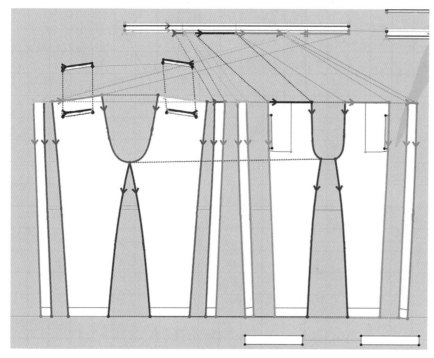

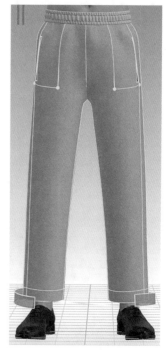

图8-117　裤身板片的缝纫　　　　　　　　　　图8-118　裤身初步模拟

3. 裤脚缝纫与模拟

在模拟状态下，修改虚拟模特姿势为"I"姿势，将裤身板片"解除硬化"，并将其粒子间距修改为8，待稳定后，结束模拟，将裤身板片设置为失效并隐藏；将裤脚板片激活，并进行缝纫，在3D服装视窗将其"移动到里面"，并进行模拟。调整裤脚到裤身板正对称的位置，冷冻裤脚板片，然后激活并显示裤身板片，为了使裤脚褶皱更加细致，使用"编辑板片"工具，选择裤身上与裤脚缝纫的线条，在属性编辑视窗将其"网格细化"属性设置为"开"，如图8-119所示。

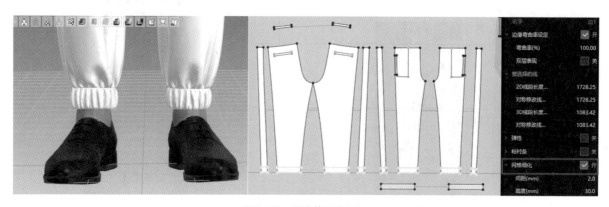

图8-119　裤脚的网格细化

8.4.4　袋口和袋唇的模拟

1. 拉链的添加

在"素材"栏中点击"拉链"工具 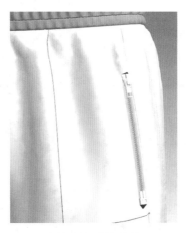，在前片袋口处，单击左侧拉链起点，移动至左侧拉链终点处双击，再到右侧袋口拉链起点处单击，移动至右侧拉链终点处双击，再打开模拟，则拉链就添加到前片袋口处，默认是拉链闭合的状态。另一侧的拉链添加操作与此相同，如图8-120所示。

图8-120　添加拉链

2. 前片袋口与袋唇的模拟

将袋唇板片激活，并克隆出另外一组对称的袋唇板片放在另一侧，缝纫袋口与袋唇，将袋唇"移动到外侧"，修改袋唇板片的粒子间距为"2~3mm"，层次为"1"，再启动模拟，如图8-121所示。

选择拉链，在属性编辑视窗中点击"编辑拉链样式"，将拉头尺寸修改为"#3"，则缩小拉头尺寸，使袋唇更加服帖，如图8-122所示。此时修改袋唇板片的层次为0。

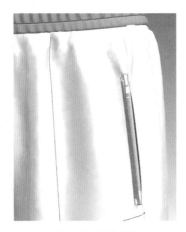

图8-121　添加袋唇　　　　　　图8-122　修改拉头尺寸后的效果

3. 后片袋口的模拟

将后片袋口与后片对应的内部线进行缝纫，设置后片袋口的粒子间距为"2~3mm"，层次为"1"，再进行模拟。选择"素材"栏中的"纽扣"工具 🔘，依次单击后片上纽扣的位置，将纽扣添加在后片上。在属性编辑视窗中，选择"编辑纽扣样式"，在纽扣库中选择第四排第一个纽扣，如图8-123所示。再修改纽扣宽度为"10mm"、厚度为"2mm"，材质渲染类型为"金属"，颜色为深卡其色（R90，G80，B50），如图8-124所示。

图8-123　纽扣样式选择　　　　　图8-124　设置纽扣属性

8.4.5　面料的设置

1. 面料的添加与应用

在3D服装视窗中，单击上方"隐藏样式3D"按钮，然后在场景管理视窗中，选择"当前服装"—"织物"，单击右上角"打开文件"按钮，将本节提供的素材文件"织物—卫衣面料.sfab"选中并打开，将此面料文件添加至织物列表中。选择所有板片，在织物列表中右击"卫衣面料"织物，在快捷菜单中选择"应用到选中板片"，则所有板片均应用了"卫衣面料"织物，如图8-125所示。

2. 面料的设置

在织物列表中选择"卫衣面料"织物，在属性编辑视窗中修改纹理颜色为卡其色（R149，G129，B90），纹理的"颜色混合模式"修改为"换色"。再次选择"卫衣面料"织物，单击右上角"复制"按钮，则增加一个"卫衣面料复制1"织物，其设置与"卫衣面料"织物相同，修改此织物的纹理颜色为深卡其色（R90，G80，B50），将此织物应用到裤身侧面的板片。将所有裤身板片粒子间距

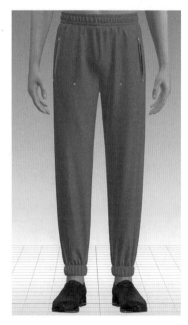

图8-125　应用"卫衣面料"织物

缩小为"5mm",并将所有板片的渲染厚度修改为"1mm",单击3D服装视窗上方的"显示面料厚度"按钮(图8-126),并再次进行模拟,如图8-127所示。

图8-126 "显示面料厚度"按钮　　　　图8-127 面料设置后的模拟效果

3. 拉链的设置

在场景管理视窗中,选择"素材"—"当前服装"—"默认拉链",在属性编辑视窗中将拉齿的渲染类型修改为"金属",纹理颜色为深卡其色(R90,G80,B50),再将布带的颜色修改为卡其色(R149,G129,B90)。将拉头的渲染类型修改为金属,纹理颜色修改为深卡其色(R90,G80,B50),拉片类型修改为最后一种,如图8-128所示。

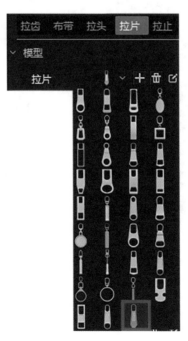

图8-128 拉片样式选择

4. 明线的添加

在场景管理视窗中，选择"素材"—"当前服装"—"默认明线"，在属性编辑视窗将明线名字修改为"浅色2"，宽度为"0.4mm"，到边距"2mm"，颜色为卡其色（图8–129）；再将此明线进行复制，将副本明线的名字修改为"深色2"，颜色为深卡其色。选择"浅色2"明线，在"素材"栏中选择"线段明线"工具 ，将"浅色2"明线应用于裤身侧面深色的板片左、右边缘和底边；再选择"深色2"明线，将此明线应用于裤身前片和后片的左、右边缘和底边，以及后片袋口的边缘处。用同样的方法对"深色2"明线进行复制，将其副本的名字修改为"深色0"，到边距改为"0"，将此明线应用于腰带内部线和前片口袋边缘。

5. 虚拟模特鞋子设置

单击虚拟模特，在属性编辑视窗中修改"附件"—"鞋子"为"帆布鞋1"，至此，卫裤的模拟全部完成，如图8–130所示。

图8-129　明线属性设置　　　　　图8-130　卫裤模拟完成

8.4.6　套装的制作

将裤子所有板片的层次设为"–1"，在"文件"栏中选择"打开"—"打开项目文件"命令，选择上一节所做的"卫衣.sproj"文件，在"打开项目文件"对话框中，加载类型选择为"添加"如图8-131所示，则卫衣板片添加至当前项目文件中。

　　将卫衣所有板片的层次设为"1"，并在属性编辑视窗中设置"形态固化"属性为"开"，然后启动模拟，则卫衣会按照层次模拟在卫裤的外侧，套装模拟全部完成，如图8-132所示。

图8-131　加载类型为"添加"

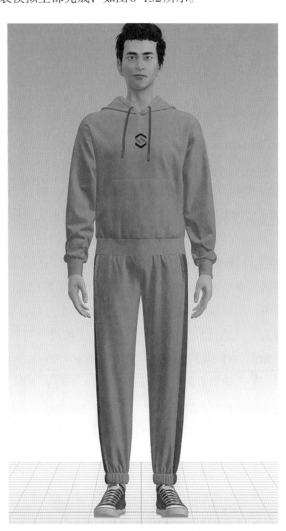

图8-132　套装模拟完成

参考文献

［1］任雨佳，冯向伟，王旭，等．逆向工程技术在服装领域中的应用［J］．纺织导报，2019（11）：81-84.

［2］张营利，胡宁．数字化技术在服装行业中的应用［J］．国际纺织导报，2010，38（8）：70-74.

［3］李敏，张营利，胡宁．数字化技术在服装行业中的应用［J］．针织工业，2011（3）：59-61.

［4］汪玲．浅析数字化技术对服装业的影响［J］．纺织报告，2020（1）：49-51.

［5］Jiang Yan, Guo Ruiliang, Ma Fenfen, et al.Cloth simulation for Chinese traditional costumes [J]. Multimedia Tools and Applications, 2019(78): 5025-5050.

［6］郭瑞良，姜延，马凯．服装三维数字化应用［M］．上海：东华大学出版社，2020.

［7］陆永良，李汝勤，胡金莲．虚拟服装的发展历史和现状［J］．纺织学报，2005（1）：132-134.

［8］姜延．织物变形效果模拟及虚拟服装展示系统研究［D］．天津：天津工业大学，2009.

［9］陆永良．计算机虚拟现实环境三维服装设计［D］．上海：东华大学，2005.

［10］徐爱国．虚拟人动画中的三维服装仿真技术研究［D］．杭州：浙江大学，2006.

［11］胡新荣．服用织物动态仿真关键技术的研究［D］．武汉：华中科技大学，2008.

［12］崔梓盈，黄璐倩，于家伶，等．服装虚拟设计与展示平台的研究与应用［J］．纺织科学与工程学报，2020，37（4）：88-92.

［13］李闯．个性化虚拟试衣技术研究［D］．上海：上海工程技术大学，2011.

［14］刘莉，刘瑞璞．服装虚拟技术的现状与难点研究［J］．针织工业，2007（2）：29-32.

［15］黎淑婷，张海煊，滕万红．智能服装的应用现状及发展前景［J］．纺织科技进展，2019（4）：4-7.

［16］沈雷，洪文进．智能纤维在智能安全服装设计中的应用研究［J］．棉纺织技术，2014，42（6）：78-81.

［17］刘清清，郭荣辉．智能服装的应用及发展趋势［J］．纺织科学与工程学报，2019，36（3）：102-108.

［18］周燕．电子信息类智能服装的应用与发展［J］．江苏丝绸，2021（2）：21-26.

［19］贾静．Smart Textiles for Designers 中图片说明汉译实践报告［D］．太原：山西师范大学，2017.

［20］利百加·佩尔斯–弗里德曼．智能纺织品与服装面料创新设计［M］．赵阳，等译．北京：中国纺织出版社，2018.

［21］王美玲，赵梓含，张馨荣．基于大数据的传统服装行业"互联网+"转型——以京东物流与李宁合作为例［J］．中国商论，2017（25）：141-143.

［22］彭筱星．基于大数据的快时尚服装品牌数字营销策略研究［J］．商业经济研究，2020（14）：81-83.

［23］冯芝雅．大数据对服装行业的影响研究［J］．全国流通经济，2017（8）：6-7.

［24］王宏翔．女裤样板智能CAD系统的设计与实现［D］．北京：北京服装学院，2019.

［25］梁道雷，郑军红，杨聪霞，等．基于"互联网＋大数据"服装定制的精准营销研究［J］．丝绸，2018，55（10）：54-59.

［26］Wen Chen, Pipei Huang, Jiaming Xu, Xin Guo, Cheng Guo, Fei Sun, Chao Li, Andreas Pfadler, Huan Zhao, Binqiang Zhao. POG: Personalized Outfit Generation for Fashion Recommendation at Alibaba iFashion. In Proceedings of KDD2019: 2662–2670.

［27］https://www.sohu.com/a/343606840_463994 [EB/OL]. 2019–09–26/2021–10–16.

［28］姜延，马文轩，陈剑华，等．基于Kinect体感交互技术的3D服饰文化展示系统［J］．纺织导报，2015（3）：74–76.

［29］马芬芬．藏族服饰数字化展示系统的设计与实现［D］．北京：北京服装学院，2018.

［30］胡婧．基于虚拟现实技术的三维旗袍辅助教学系统的设计与实现［D］．北京：北京工业大学，2013.

附录　课后练习题参考答案

第1章　服装数字化技术概述

一、名词解释

数字化服装技术：数字化服装技术是指在服装设计、生产、营销、管理等各个环节引入信息化技术，利用计算机的高速运算及存储能力以及人的综合分析能力对服装设计、生产、营销等环节所涉及的人、财、物等进行资源优化配置的技术。

服装计算机辅助设计系统：服装计算机辅助设计（Garment Computer Aided Design，简称GCAD），具体是指利用计算机及其图形设备帮助服装设计人员进行产品设计的软件系统。

服装计算机辅助制造系统：服装计算机辅助制造（Garment Computer Aided Manufacturing，简称GCAM）系统主要包括大型服装绘图机、衣片自动裁剪机及样板自动裁割系统等。

柔性制造系统：柔性制造系统（Flexible Manufacture System，简称FMS）是一组数控机床和其他自动化的工艺设备，由计算机信息控制系统和物料自动储运系统有机结合的整体。柔性制造系统由加工、物流、信息流三个子系统组成，在加工自动化的基础上实现物料流和信息流的自动化。

企业资源计划：企业资源计划（Enterprise Resource Planning，简称ERP）是指建立在信息技术基础上，集信息技术与先进管理思想于一身，以系统化的管理思想，为企业员工及决策层提供决策手段的管理平台。

产品数据管理：产品数据管理（Product Data Management，简称PDM）是以软件为基础的技术，它将所有与产品相关的信息和所有与产品相关的过程集成到一起，包括了产品生命周期的各个方面，使最新的数据能为全部有关用户按要求方便地存取。

二、简答题

略

第2章　服装设计中的数字化

一、单选题

1.A

【解析】Computer Aided Design，简称CAD。常见的服装CAD系统是由服装款式设计系统、服装样板设计系统和服装工艺CAD系统三个模块构成的。

服装CAM的含义是计算机辅助服装制造；服装CAT的含义是计算机辅助服装检验；服装MIS的含义是服装管理信息系统。

2.D

【解析】相比设计草图、服装效果图和时装画，平面效果图则显得更加详细、准确。平面款式图不但要标注单明线、双明线、扣子的形状和大小，还要标注分割线的位置、省道的位置等细节，因此它与真实服装的样子也最为接近。

3.A

【解析】数字化服装款式设计的通用软件中Photoshop和Painter是位图处理软件，Illustrator和CorelDRAW是矢量图处理软件，Microsoft出品的Office属于办公软件套装。

4.B

【解析】同上题。

5.C

【解析】存储一幅200像素×200像素的24位彩色位图，需要的存储空间是200×200即画面中像素点的总数，乘以每个像素点的颜色信息，即3个字节（24位＝3字节），除以1024转化为kB的单位，所以200×200×3/1024＝117（kB）。

二、多选题

1.ABD

【解析】四个选项中只有AutoCAD是通用的CAD软件，广泛应用于建筑、汽车、航空和机械制造等领域中，其余均为专业的服装CAD软件公司。

2.ABC

【解析】数码相机、数字化仪和扫描仪为服装CAD的输入设备，而喷绘机是服装CAD的输出设备。

3.ABCD

【解析】服装设计的表现技法和效果是计算机辅助设计的强项，根据其应用领域的不同，可以将表现服装设计意图的绘画大致分为四种：设计草图、服装效果图、时装画和平面效果图。

4.ABCD

【解析】目前数字化服装款式设计的通用软件有美国Adobe公司出品的Photoshop和Illustrator，加拿大Corel软件公司产品Painter和CorelDRAW。

5.AC

【解析】矢量图是由描述图形几何信息的数据组成的，并不像位图是按像素点逐一进行记录的，因此矢量图与分辨率无关，即使放大很多倍，图像质量也不会改变，但是矢量图的显示速度比位图慢。相反，位图在放大一定的倍数后，图像质量会降低。

三、判断题

1.正确

2.正确

3.正确

4.错误

【解析】位图的文件大小与画面的复杂程度无关，但矢量图却不是这样。当在矢量图绘制软件中绘制一个正圆的时候，文件仅需要记录圆心的位置以及半径的大小，因此文件很小。矢量图不是按像素点逐一进行记录的，而是由描述图形几何信息的数据组成的，因此矢量图的文件大小与画面复杂程度密切相关。

5.正确

【解析】位图和矢量图由于生成方式的不同，显示速度位图快，矢量图慢，慢的原因是矢量图要边计算边绘制；文件大小位图大，矢量图小；放大后位图会降低显示效果，矢量图不受任何影响。

6.正确

7.正确

第3章　虚拟服装展示技术

一、多选题

1.ABCD

【解析】虚拟服装在服装设计制造中、服装营销、文化传媒领域及专业教学中都有一定的应用。

2.ABCD

【解析】虚拟服装是一个多学科交叉的研究课题，涉及计算机图形学、纺织材料学、力学和虚拟现实技术等多方面的内容。

3.ABC

【解析】研究者Provot最先提出使用"质点—弹簧模型（Mass-Spring Model）"实现对织物变形效果的模拟。在不同质点之间起到连接作用的弹簧有三种，第一种是结构弹簧（Structural Spring），在横纵两个方向上连接质点；第二种是剪切弹簧（Shear Spring），在正负45°方向上连接质点；第三种是弯曲弹簧（Bend Spring），实现跨越一个质点的连接。三种弹簧共同作用在每个质点上，合力即为该质点所受到的弹力。

4.ABCD

【解析】CLO系统早期有两个版本，分别是Marelous Designer和CLO 3D，虽然二者的核心技术相同，但是，Marvelous Designer通常用于CG动画和游戏制作，致力于更快更容易地创建效果逼真的3D服装。而CLO 3D则更着重于处理服装和服装制作，因此通常用于服装设计开发流程中。它们最显著的区别是CLO能够导入dxf文件，而Marvelous Designer是不能导入的。CLO3D还可划分两个版本，一个是CLO

Modelist，是工作室版，另一个是CLO3D enterprise，是企业版。而在企业版的基础上继续发展到现在的CLO standalone版本，现在其最新的版本是CLO6.0。

二、判断题

1.正确

【解析】虚拟服装是利用虚拟现实技术将服装与人体分别数字化，并将两者有效结合，进而以三维立体形式展现服装造型效果的一种新兴技术。

2.错误

【解析】国外在这个领域的研究已经开展了二十多年，尤其是欧洲的一些研究机构，对于这个问题的探讨尤为深入。

3.正确

【解析】2000年，IST基金出资约700万欧元资助E-Tailor（网络服装店）项目的推行，欧洲的纺织服装组织、德国海恩斯坦研究院、日内瓦大学、法国Lectra公司等16家研究机构历时3年攻关，项目结束时，Adidas、Nike、Puma等多家服装企业尝试使用虚拟服装展示技术。

4.错误

【解析】虚拟服装的动态展示被称为"Digital Fashion Show"，这种数字时装秀可以辅助传统的T台秀，它是服装企业有效发布自己设计作品的一种新兴方式。

5.错误

【解析】包括皮克斯动画公司在内的多家影视公司非常重视虚拟服装技术的研发和应用，像《飞屋环游记》《精灵鼠小弟》等多部影视作品中都使用到了这项技术。

6.正确

【解析】受到平纹织物经纬向交叉结构的启发，研究者普罗沃Provot在1995年提出并实现的质点—弹簧模型，从而实现了对柔性织物变形效果的计算机模拟。后来其他研究者又提出了很多对于该模型的改进算法，使得模拟效果也越来越逼真。

7.正确

【解析】在质点—弹簧模型中，不同质点之间起到连接作用的弹簧有三种：结构弹簧、剪切弹簧和弯曲弹簧。三种弹簧共同作用在每个质点上，合力即为该质点所受到的弹力，可以使用胡克定律计算弹力的大小。

8.错误

【解析】在织物仿真系统中，求解微分方程的目的是获得质点在下一时刻的运动速度 v_{i+1} 和空间位置 X_{i+1}，因此很多经典的算法都可以实现，例如：欧拉法、中点法、四阶龙格库塔法等。欧拉法是其中最经典、最容易实现的一种求解方法。

9.正确

【解析】虚拟现实技术目前被广泛应用于文物保护领域。由于年代久远被损坏的纺织品可以利用计算机进行纹理修复和三维重建，借助虚拟服装技术，更多人了解到传统服饰的魅力。

10.错误

【解析】CLO3D为用户提供了七种工作模式，分别为模拟模式、动画模式、打印输出模式、配色模式、备注模式、仿真模式和模块模式。

第4章　智能服装

一、单选题

1.B

【解析】医疗用纺织品要求：无毒，不能导致患者过敏，非致癌，消毒过程不影响其物化性能等，因此是极其严格的。其中一大类是非移植类纺织品，比如包扎伤口用的纱布、绑带、敷料等，它们最终不会留在人的身体里，只是起到临时辅助治疗的作用。因此，该题目的选项是B。

2.C

【解析】移植类纺织品，例如：人工血管、人造韧带、人造关节等，它们最终会成为患者身体中的一部分，因此必须符合生物相容性，即不能与人体产生排异反应。目前这些医疗用功能性纺织品正在发挥其重要的作用，挽救成千上万患者的生命，因此这项研究工作也具有非常重要的社会价值。

3.D

【解析】未来电子纺织品对设计师提出的需求包括：穿着更加舒适、更加人性化的人机交互方式、有效结合可穿戴技术等，并不需要与微型计算机功能等效。

二、多选题

1.ABCD

【解析】智能服装是一个复杂的信息载体，它是将纺织与服装工程、材料科学、电子信息、计算机工程等多门学科交叉融合形成的一个整体，以人们日常穿戴的服装为物理载体，将智能系统以不同形式嵌入其中，使其具有区别于传统服装一般功能的特殊功能。

2.ABCD

【解析】现有的智能化服装功能有信息采集、传输、定位、温度调节等，随着人们物质生活水平的提升，人们对智能服装的功能要求也会越来越多，智能服装的潜在市场巨大。

3.ABCD

【解析】目前，智能服装具有各式各样的功能，以满足消费者多样化的需求，根据其应用领域可以将其划分为应用于生活娱乐、运动健身、医疗健康和军事装备四大类。因此，该题目的选项是ABCD。

4.ABC

【解析】功能性纺织品又被称为产业用纺织品、高性能纺织品，对应的英文描述是Technical textiles，Functional textiles 或 Performance textiles。

5.ABCDE

【解析】常见的智能纤维包括：阻燃纤维、变色纤维、防辐射纤维、抗菌除臭纤维、远红外纤维、香味纤维、导电及抗静电纤维等很多种。

6.ABC

【解析】在运动装备的生产过程中，常用碳纤维、玻璃纤维、芳纶等增强复合材料替代传统的金属、木质结构，从而获得轻质高强的效果。最具代表性的是高档网球拍，山地自行车车架以及高尔夫球杆的杆头等。

　　7.ABCDE

　　【解析】功能性纺织品能够有效减轻碰撞、火焰、激光、子弹、毒气和放射物质对于人体的侵害，因此它们在日常生活中承担起越来越重要的作用。

　　8.ABCD

　　【解析】功能纤维制成的纺织品可以广泛应用于医疗、环保、运动、防护等各行各业。

三、判断题

　　1.正确

　　【解析】智能服装从作用原理上可分为智能新材料类和电子信息传感类。具体表现形式为以下两种：①智能材料类：利用物理或化学整理技术赋予普通纤维材料特殊的功能，这部分研究者主要集中在材料科学领域；②电子信息传感类：服装直接外接微型智能电子元器件或将智能纤维直接织入纺织服装产品当中，这部分的研究主要是基于电子信息技术及纺织科学。

　　2.错误

　　【解析】智能服装仍处于发展的初级阶段，主要存在几个方面的问题：穿着舒适性、耐用性、数据监测精确度、安全性等。

　　3.正确

　　【解析】Functional textiles是功能性纺织品的英文描述，除此之外还可以用Technical textiles，Performance textiles来表示功能性纺织品。

　　4.正确

　　【解析】常见的功能纤维包括：阻燃纤维、变色纤维、防辐射纤维、抗菌除臭纤维等很多种。这些功能纤维制成的纺织品可以广泛应用于医疗、环保、运动、防护等各行各业。

　　5.正确

　　【解析】碳纤维、玻璃纤维、芳纶等增强复合材料可以替代传统制造热气球、船帆及游艇船身的金属或木质结构。这些运用了新材料制成的装备轻便又结实，但价格不菲。

　　6.错误

　　【解析】早期的电子纺织品通常只是将电子元件植入服装内部，或在服装中加入刚性印刷电路板，因此一般不支持水洗，并不能像现代的电子纺织品一样可以实现基于触摸方式的人机交互。

　　7.正确

　　【解析】早期那些添加了实体电子元件的服装并不是顾客们所期望的，理想的电子纺织品应该是让人根本意识不到电子元件在哪里，但却可以自由地享受它所带来的便利。

　　8.正确

　　【解析】发光服装及服饰产品满足了人们对于个性化穿着的要求。具有代表性的是：英国伦敦可爱电路公司（CuteCircuit）设计制作"猫服"系列；"银河裙"被芝加哥科学与工业博物馆收藏；为U2乐队设计世界巡回演出服，每件服装上5000多个发光像素点，同步呈现独特的设计及图案。奥地利Utop公司设计的发光自行车手夹克利用一组LED灯使自行车夜骑更安全。北京服装学院在2019时装周上也展出了系列发光服饰作品。

9.正确

【解析】电子纺织品发展前景巨大，但在其成为消费主流之前，还有很多问题要解决，例如：舒适性、设计感、功能性与稳定性等，这些都将成为电子纺织品能否成功的关键因素。

第5章　服装大数据应用

一、单选题

1.D

【解析】数字化服装定制 Electronic Made to Measure，简称 EMTM。

2.D

【解析】1998年，美国硅图公司SGI首席科学家John R. Mashey首次提出 Big data，他指出大数据是未来技术浪潮的趋势。只有达到PB级规模的数据处理才算是大数据处理，1PB是Google公司每小时的数据处理量，也是大数据的起点。

3.C

【解析】2008年，Google公司针对5000万条检索词所完成的流感数据分析报告真正将大数据分析带入公众视野。

二、多选题

1.ABCD

2.ABCD

3.ABC

4.ABCD

5.ABCDE

三、判断题

1.正确

【解析】资料来源：李政隆著《逆势生长服装零售怎么干》，该题目的说法是正确的。

2.正确

【解析】传统的服装定制只能在实体店内完成，价格昂贵，且服装质量受人为因素影响强烈，也就是说遇到不同水平的制作人员，定制完成的服装质量可能有很大的差别。因此，该题目的说法是正确的。

3.正确

【解析】在"互联网＋"新的经济形态下，现代科技正在融入传统的服装产业，提升企业核心竞争力，使传统服装企业成为科技驱动型企业，创造出企业独特的核心价值。国内部分服装企业已经建立起了基于"大数据、云计算、智能化"的服装个性化定制解决方案。因此，该题目的说法是正确的。

第6章　服饰文化的数字化传播

一、判断题

1.正确

【解析】利用测绘遥感和计算机虚拟现实技术，以数字化方式将文化遗产真实、完整地存储到计算中，实现三维数字存档，供保护修缮、复原及考古研究和文化交流使用。在这一方面故宫博物院、北京师范大学等研究机构都取得了一定的研究成果。

2.错误

【解析】20世纪90年代，已经有很多西方经典服装的穿着效果被计算机模拟出来。最具代表性的是日内瓦大学Miralab实验室完成的项目"西方经典女装款式的数字化"，在这里服装设计师的手稿得以鲜活而真实地展示，女性优雅、高贵的气质被华丽的礼服衬托得更加完美。

3.正确

【解析】本节所介绍的"体感3D服饰文化展示平台"就综合应用到了体感技术和虚拟现实技术。系统硬件是加装了彩色CCD摄像头和Kinect体感设备的微型计算机，软件系统是由北京服装学院设计的"体感3D服饰文化展示系统"，通过历代服饰、民族服饰、奥运服饰和虚拟试穿四个栏目展现丰富多彩的服饰文化。

4.正确

【解析】随着新媒体时代的到来，iPad等移动终端和智能手机的应用越来越广泛，人机交互也变得越来越灵活。本节所提到的利用新媒体技术展示民族服饰博物馆中的展品，同样得益于新媒体技术的不断发展。传统的博物馆展览通常采用实物展项加文字图片说明的形式，已经无法满足目前博物馆教育与公众学习的需求。随着信息技术的迅猛发展，新媒体技术为博物馆教育带来了发展的契机，使新媒体展示形式应运而生，它在扩展展品信息；增强展览展示效果；多种感官信息传播；丰富参观者体验等方面给予博物馆教育很大帮助。

5.正确

【解析】《旗袍三维交互学习系统》中，用户通过交互方式可以对旗袍的领型、袖型、衣长、图案进行修改效果

二、思考题

略

本书作者姜延（左）、马凯（右）建设的《服装数字科技》课程获首批国家级一流本科课程

《服装数字科技》国家级一流本科课程证书